生命、意识，以及
存在意义的复杂科学

万物本源

[美] 尼尔·泰泽 （Neil Theise）／著

韩潇潇／译

Notes on Complexity:
A Scientific Theory of Connection, Consciousness, and Being

中信出版集团｜北京

图书在版编目（CIP）数据

万物本源 /（美）尼尔·泰泽著；韩潇潇译 . -- 北
京：中信出版社，2023.10
书名原文：Notes on Complexity: A Scientific
Theory of Connection, Consciousness, and Being
ISBN 978-7-5217-5840-5

Ⅰ . ①万… Ⅱ . ①尼… ②韩… Ⅲ . ①生物学－文集
Ⅳ . ① Q-53

中国国家版本馆 CIP 数据核字（2023）第 115503 号

万物本源

著者：　　　［美］尼尔·泰泽
译者：　　　韩潇潇
出版发行：中信出版集团股份有限公司
　　　　　（北京市朝阳区东三环北路 27 号嘉铭中心　邮编　100020）
承印者：　　北京诚信伟业印刷有限公司

开本：787mm×1092mm　1/16　　　　印张：15　　　　字数：220 千字
版次：2023 年 10 月第 1 版　　　　　印次：2023 年 10 月第 1 次印刷
京权图字：01-2023-4345　　　　　　书号：ISBN 978-7-5217-5840-5
　　　　　　　　　　　定价：69.00 元

版权所有·侵权必究
如有印刷、装订问题，本公司负责调换。
服务热线：400-600-8099
投稿邮箱：author@citicpub.com

献给亲爱的马克

另外，我要对以下人士表示最真切的谢意。

《细胞》（*CELL*）杂志团队的

彼得·赖德、简·普罗菲特、马克·丁韦尔诺、罗布·桑德斯。

如果没有他们，我绝无可能一步步走到现在。

恩科约·奥哈拉禅师

是禅宗社区 Village Zendo 的住持，

感谢这 30 多年来他在禅修方面对我的悉心指导。

他们的教导就像"Two arrows meeting in midair"（两支箭于

空中交汇）这句禅宗公案所描绘的一样，

一切都是缘分。

目录

第二部分

认知万物的尺度

第三部分

意识与万物本源

描绘人类存在性的全景图

自孩童时代起，我就很喜欢研究那些能够解释世界本质的现象和理论，并把相关资料收集到一起。一有时间，我就会观察事物，弄清它们的名称或原理，然后沉下心思考、理解。虽然我发现，最激动人心的那些思想理论总是诞生于科学领域，但这并不意味着我不喜欢其他领域——宗教、历史、艺术等领域的思想也常常令我沉醉其中，回味无穷。

随着年龄的增长，我渐渐地被数学、地质学、天文学、现代物理、宇宙学吸引。这些学科有一个共性，那就是它们都可以揭示世界上某些不为人知的奥秘。我对宗教也很感兴趣，因为它是一个难以言喻的神秘领域。不过，我从来都不认为宗教和科学之间存在孰强孰弱的关系，我总是用平等的眼光看待它们。

在大学时代，我仍旧是这么认为的，所以我一边探索科学，一边研究宗教。我主修了两个专业——"犹太教研究"和"计算机科学"，选前者是因为我觉得以后去犹太神学院进修的话比较方便，选后者是因为当时是属于 Fortran（一种编程语言）、COBOL（面向商业的通用语言）、打孔卡 ① 的年代，学计算机是一件很酷的事。另外，我还辅修了医学预科课程，因为当时我有这样一种想法：从事医学工作可以帮助我平衡科学兴趣与精神追求，从而更好地改善这个世界——用犹太教的术语来说就是"tikkun-olam"，即"让世界变得更加美好"。

最终，我真的走上了医学之路，尽管我并没有像最初设想的那样，直接从事临床工作。相反，我每天都坐在显微镜前，一遍又一遍地观察诊断病理标本（在我看来，这些标本就是"人体的一部分"），而且我很喜欢这种感觉。虽然表面上我是一名忙于治病救人的医生，但这个专业可以让我有足够的机会对人体结构进行深入的科学思考。而且我研究生物学时也不需要

---

① 在预先设计好的位置上，用打孔和不打孔两种状态来表示数字信息，其与考试答题卡的原理相似。——译者注

培养皿或小鼠，毕竟我有很多人类的组织和细胞可以观察。我花费了大量的时间观察微观尺度下的颜色、形状、图案，这些美妙的图形规律在当时仍旧是未解之谜。

在临床标本上取得一些研究成果之后，我转身投向了干细胞生物学这个日新月异的研究领域。千禧年前后，我突然发现自己发表文章的期刊，已经从那些平平常常的临床医学期刊变成《细胞》《自然》《科学》这些著名期刊，并得到了国际学术界和媒体界的广泛关注。当时生物学家们坚信"细胞可塑性"——细胞超出预期极限的形变能力——是一种不可能发生的事，所以这些发现一问世就引起了巨大争议。耶鲁大学的戴安娜·克劳斯是我在该项目中的合作伙伴，她甚至被要求在国会对相关问题进行做证。更为夸张的是，我们的工作成果甚至导致时任美国总统小布什于 2001 年限制了联邦政府在胚胎干细胞方面的研究投入。在我和同事看来，这简直完美地诠释了什么叫作"非预期后果"①。

相关研究成果频繁成为新闻头条之际，我通过这些新闻结识了视觉艺术家简·普罗菲特，她带我走进了复杂性理论的世界，使我走上了一条意料之外的道路。简和我有一个共同的朋

---

① 非预期后果（unintended consequences），也译作"意外效应"，社会学术语，指原计划未曾预料到的或无法预测的后果。——译者注

友——彼得·莱德，他是简在伦敦威斯敏斯特大学的研究伙伴，也是一位展览策划人，主要研究领域是"视觉文化"。尽管我的朋友们都知道我在从事生物医学方面的研究，但我们彼此之间很少会谈及那些研究细节。不过干细胞研究成了一个例外，毕竟电视、广播、杂志、报纸上到处都是相关报道。当时，彼得正在探索跨学科合作的可能性，比如艺术与科学，他想弄清楚跨学科是否能够提高大家的创造力以及解决问题的能力。他一直都想把我介绍给简，因为他觉得我们一定很聊得来，可惜旅行安排、时间规划等方面的冲突导致我们错过了很多相识的机会。有意思的是，彼得现在找到了一种强制办法解决这个问题——他从惠康基金会那里得到一笔研究资金，研究项目就是把科学家（我）和艺术家（简）"关"在一间屋子里，看看最后两者能否碰撞出某种全新的创造力。

2022 年，我终于和简见了几次面，会面地点就在我位于纽约的家或她位于伦敦的家。彼得记录了我们的对话，以便他人在研究科学家和艺术家之间如何有意义地进行沟通时可以将其作为参考。

简当时最有名的成果是一个叫作"科技圈"（Technosphere）的项目。该项目源自她对人们如何与电脑游戏中的角色形成情感联系所产生的浓厚兴趣。在程序员戈登·塞利的帮助下，她建立了一个虚拟世界，现实世界的人们可以登录进去，然后在里面随心所欲地创造生物，每个生物都有独立的身体特征和行为组合，比如人们可以设定该生物是食草动物还是食肉动物。"科技圈"中的每个生物在被放生之后，都会时不时地"写信回家"，比如我创造的那只生物就会发邮件说"今天我拼命奔跑，在食肉动物的追赶下活了下来"，"今天我交配了，并有了身孕"，"我现在正在吃草"，"我快要被食肉动物杀死了——这是我发给你的最后一条信息"。

不可思议的是，当"科技圈"中的生物增加到几千种时，简和戈登发现这些生物通过不断互动，自发地出现了很多之前没有经过直接编程的行为。比如食草动物组成了群落，它们偶尔会莫名地聚集到一个没有第二个出口的山谷里。食肉动物也不会直接攻击猎物，把它们一个个叼走，而是会在山谷的出口处排成一排耐心等待，直到食草动物吃完草并试图离开。这时食肉动物就会一拥而上，将食草动物吃得一干二净，随后"科技圈"的生物数量就会崩溃。觅食和捕猎都是自组织的社会活动，都是生物个体行为自发导致的结果。

这种自组织行为把我和简的工作联系到了一起。我把干细胞在人体内的移动方式描述给简后，她立即意识到这些细胞和"科技圈"生物有很多共同之处。我让她给我讲讲详情，她便向我介绍了复杂性系统的概况。随后她以蚁群为例，详细讲述了为何在集体行为下，那些简单的个体行为可以变成极为复杂的社会结构和社会活动。在她巧妙的讲解下，复杂性系统变成一个栩栩如生、充满魔力的理论。

就这样，我开始了对复杂性理论的研究和探索。

简不仅向我证明了她的友善，还向我展现了一种理解世界的全新方式。我探索得越深入，我就越发现，自己多年以来所学到的那些数不清的、看似毫不相关的概念——医学方面的、科学方面的、精神思维方面的——全能够以惊人的方式彼此互补，共同描绘一张人类存在性的全景图。更奇妙的是，在探索的过程中，这些研究已经超越了单纯的信息，并彻底改变了我的生活方式、我理解自我的方式，以及我理解人类存在性、理解万物存在性的方式。事实证明，复杂性理论是一种研究万物为何存在的科学。

在那之后的几年里，我在各种学术讲座和面向非专业人士的公开演讲中分享了这些发现。事实证明，我分享的这些"和复杂性相关的见解与感悟"，引发了从五年级学生到博士生、从执业医生到研究学者、从瑜伽教练到禅宗学生等领域人士的好奇心，他们不仅为之感到惊奇，甚至悟到了某些新的思想。每经历一次这样的接触和交流，我都会为那些在演讲内容中找到一份属于自己的独特意义的人感到开心。还记得 20 多年前，我和简刚刚认识时，我在谈话中所感悟到的那些东西：复杂性理论不仅为我们理解现实的本质，同时也为我们理解人类作为一个有意识的生命体在世界中的位置，提供了一个强劲有力、精细微妙的理解。如今那些来自各行各业的听众对我的演讲所产生的共鸣，就是大家对我的感悟的一种真心认可。

现在，为了感谢简，以及我生命中那些指导过我、启迪过我的人，请允许我把这些见解和感悟分享给你。

万物背后的复杂性

第一部分

1

第一章

复杂的生命与变幻莫测的世界

生命是如何诞生的？细胞、人类、生态系统和社会组织是如何不断进化的？要从根本上弄懂这一切，我们就需要借助复杂性理论的力量。

生命可以说是宇宙中最复杂的东西。

无论是在冰冷（或滚烫）、高压、昏暗无光的海沟深处，还是在喜马拉雅这座遍布冰川的世界最高山脉上，都存在大量的微观生命。在这两者之间的天空中、海洋里、陆地上，更是有数不清的生命在不断地繁衍更替。另外，可以确定的是，在未来的数十亿年当中，地球上还会出现更多奇妙的生命，其繁杂程度将远超人类的想象。

长期以来，生命的多样性、复杂性一直都是个未解之谜，我们并不清楚宇宙为何能够孕育出生命，也猜不到生命在未来会发展成怎样奇特的形式。想要从根本上弄懂这一切，我们就需要借助复杂性理论的力量。

复杂性理论主要研究的是"复杂系统的运作原理"。需要注意的是，这里的"复杂"指的并不是"晦涩难懂"那种复杂，而是一类具有如下特点的交互系统：一定的开放性、不可预测性、自我发展性、自我适应性、自我维持性。本书所要探讨的正是后面这种复杂性——我们想要知道，宇宙中的物质为何可以通过自组织孕育出生命；量子泡沫①的交互作用为何能够逐渐形成原子、分子等物质形式，进而一步步形成细胞、人类、社会结构、生态系统，以及那些更为复杂的东西。

生命复杂性具有一个显著特征，那就是在每一个单独的实例中，整体都大于部分之和。即便清楚地知道了一个生命系统（比如一个细胞、一具躯体、一个生态系统）中所有单个元素的特征和行为，我们也无法预测这些元素的交互作用可以涌现出怎样神奇的性质。在复杂性理论中，这类令人称奇的涌现结果又被称为"突现特质"，或被直接称为"涌现现象"。

这种不可预测性不仅是复杂性理论的核心内容，同时也是这个世界的关键特征，它为我们理解这个世界提供了一个很好

---

① 量子泡沫（quantum foam），约翰·惠勒于 1955 年提出的一种在普朗克尺度（10^{-35} 米）出现的物理现象。——译者注

的切入点。总的来说，人类、宇宙和机器是两回事：当环境发生改变或机器跟不上潮流时，它没有能力改变自己；而一个复杂性系统，比如人体或人类社会，则可以改变自身行为去适应变幻莫测的世界。这种创造力便是复杂性的精髓所在。

"整体大于部分之和"这句话看似简单，但实际上它蕴含了极为丰富的信息。日常生活中，这句话很容易让人联想到社区、团队合作、崇高的共同目标等概念——尽管每个人能力不同，天赋各异，但如果齐心协力，彼此合作，就能创造出个体难以企及、无法想象的协同价值。一个顺风顺水的团队、一场社会运动、一次完美的聚餐，都是很好的例子。

不过，复杂性的概念远比人体结构和社会行为广泛得多，复杂性系统也不仅仅局限于社会学和生物学，化学、物理学中也有它的身影。比如宇宙自身就是一个光怪陆离的、由复杂性编织起来的网络，它无时无刻不在孕育新的生命，以至于我们会不由自主地认为，生命就是宇宙的核心目的，生命就是宇宙最基本的表达方式。

宇宙中最为宏观的世界为相对论所描述，最为微观的世界则为量子力学所描述。二者看似不可调和，但复杂性理论巧妙地在二者之间建立了联系。相对论和量子力学无疑是两种极为成功的科学理论，但它们自身并不能阐明那些最基本的存在要素（空间、时间、物质、能量）如何能够演化出生命体的复杂行为及其社会结构（生态系统、文化、文明）。所以我们需要复杂性理论，用它分析基本物理活动所产生的那些实体如何一步步地将自己编织成越来越庞大的结构，并逐渐交织成和日常生活息息相关、动态、自然的生命系统。

虽然复杂性科学的研究目标相当宏伟，但我们也可以在潜心研究的过程中学到很多和自身相关的东西，比如它可以回答某些隐藏在"存在感"背后的关键谜题。

呱呱坠地之前，我们一直生活在子宫当中，和母胎浑然一体，完全不知道什么叫作割裂：这里不分自我和他人，也不分婴儿和母亲。逐渐地、不可避免地，我们会进入婴儿早期阶段，脱离这种舒适的一体性，进入另一种状态——一种分离的状态。皮肤将一切分割开来，里面包裹着的是"我"，外面的一切是"世界"。换句话说，整体变成了部分。

有时，我们可以幸运地找到志同道合的人一起共事。这种情况下，我们可以再次找到完整统一的感觉，体验到某种比自我更强大的东西。如果没有这种经历，很多人就会整天活在挣扎之中，想要弄懂"我"和"世界"如何才能联系起来。倘若我们能够回忆起那种浑然一体的统一感，我们就有可能回首，思索"如何才能重温那种感觉"；倘若我们无法回忆起那种统一感，我们就有可能惶惶不安，总觉得少了点什么，尽管我们并不清楚少的到底是什么。

　　复杂性理论不仅可以为我们提供一个理解世界的科学手段，还可以在探索该理论的过程中启迪我们，帮助我们认识到身体具有可渗透的边界，深入了解意识的本质，用更广阔的视野去认知一切事物。复杂性理论还可以赋予我们灵活看待问题的宝贵能力，这种灵活性甚至可以唤醒我们与整体之间真切、深刻的亲密联系，进而帮助我们寻回曾经拥有的东西：那种与生俱来的、与万物融为一体的能力。

第二章

秩序、混沌、复杂性的起源

生物的复杂性让它们拥有计算能力，可以从周围环境中吸收
信息、处理信息并做出反应，从而朝着越来越高的
复杂性进化。

复杂性理论诞生于 20 世纪后半叶，科学家们也正是在那时开始认真对待所谓的"系统"科学的。系统是一组彼此相互作用的部分或个体的简称，这些相互作用可以让它们产生某种比自身更强大的东西。科学家们研究了很多种系统，所涉及的领域也五花八门：20 世纪 50 年代的一般系统理论、控制论、人工智能；60 年代的动力系统理论；70 年代的混沌理论。到了80 年代，复杂性理论终于成为一个被广泛认可的、独立的研究领域，其中最具有标志性的事件就是圣菲研究所的成立，它是世界上第一所专门研究复杂性理论的学术中心。

在着眼于系统研究之前，几乎所有科学领域都采用了还原论①的研究方式，即把较大的事物拆解成其组成部分。长期以来，人们都信奉这样一个观点：理解了部分，就能理解整体，就像理解时钟运转原理需要将其耐心地拆解成细碎的零件，然后逐一研究一样。这种把宇宙看作一台可以拆解、分析的机器的科学方法，无疑取得了巨大成功，最显而易见的例子就是现代生活中随处可见的科学技术。

一般系统理论所研究的是一种与之相反的问题——部分之间如何通过交互、聚合、自组织等过程结合成整体。相关理论问世之后迅速掀起了一场科学革命，并持续发挥着越来越重要的作用。小到原子、亚原子尺度，大到星系甚至比星系更大的尺度，我们都能看到系统科学的身影。无论在哪个规模上，它都可以帮助我们理解那些事物为何存在。

*　*　*

在展开对复杂性理论的探究之前，我们首先要认识一下三个基本的系统类别。第一类系统，指的是整体精准地等于部分之和，可以根据部分来预测整体的系统。水就是一个很好的

---

① 还原论（Reductionism），又名化约论。——译者注

例子。

在冰这样的固态水中，水分子有序而紧密地排列着，这意味我们可以用简单的几何学去判断每个水分子和周边其他水分子之间的关系。一杯水的情况则更为复杂，因为液态水分子会在碰撞的作用下随机运动，我们不能精准地预测单个水分子的位置。不过，我们可以利用统计学的方法去描述一群水分子的集体行为。同样，在气体分子激烈碰撞的情况下，我们无法知晓任何一个分子的能量和运动方向，但我们可以描述具体某个温度下所有分子的平均动能。

流体运动的某些特性也同样简单，比如一条狭窄小溪的流速，要大于这条溪水汇入宽广河流之后的流速。液体流速与通道宽度之间的具体关系可以用流体力学方程来直接描述。

不过，湍流无法用简单的方程描述出来。

这就是我们要介绍的第二类系统，即那些由混沌理论描述的系统。在混沌系统中，整体不等于部分之和，而是大于部分之和。

这里以波浪为例。现在假设我们正坐在沙滩上，海浪不断拍打着沙滩。虽然每个波浪都和之前的波浪相似，我们可以很轻易地判断出它们都是波浪，但严格来说，每个波浪都是不相同的。我们没有办法像描述一潭死水或一个冰块一样，用简单的数学方程去描述波浪不断变化的运动。

类似的还有漩涡。漩涡是一种很常见的现象，给浴缸放水或冲马桶时就可以见到它们。不过，简单的物理和数学不足以描述它们的结构，也无法解释为何在一个较大的水体中，某个漩涡会在某个地点转瞬即逝，随后会有另一个漩涡在其他地点诞生。为了理解和描述这种湍流，我们需要一种新的数学方法，即混沌理论。下面我们就来介绍一下它。

分形：数学中的混沌

1975 年，伯努瓦·芒德布罗做出了一项重要贡献：他发现了分形的性质，并将其整理成了一个系统性的理论，从根本上改变了我们对这种复杂的有序现象的认知，为人类打开了混沌理论的大门。[1] 分形是自然界中十分常见的一种几何形式，比如河流、血管、树杈等结构，它们都具有十分相似的分支。再比如积云中那些蓬松的云朵、叉状闪电、罗马花椰菜的花球表面，它们也都具有不同的分形结构。

对于自然形成的这些分形结构，它们的重复次数是有限的。动脉不能一直分形下去，分到毛细血管这个层面就已经到头了，不能更小了。树枝也不能一直分形下去，分到叶子就是终点了（尽管叶子上的脉络图案可能是另一种分形）。不过在数学

自然形成的几种分形结构。第一排中，河流（A）、血管（B）、树杈（C）都有相似的分支结构，在不同尺度上都有自相似性。当人们走近或将图片放大时，总能看到彼此相似的分支结构。还有很多例子可以体现这种跨尺度的自相似性，比如积云中的蓬松云朵（D）、叉状闪电的锯齿状分支（F）、罗马花椰菜的螺旋锥体表面（E）。

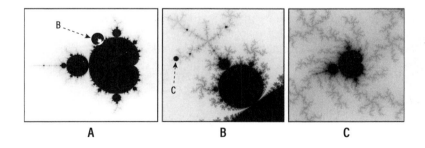

图中是一个经典芒德布罗集分形集合的取样，它表现出了跨尺度的自相似性。当放大左侧图片时，我们可以看到，该图案（B）显然是由更多的、与之相似的分形图案组成的。同理，放大中间图片时我们可以看到，该图案（C）显然是由更多分形图案组成的。在纯数学领域，这种不断延展的分形细节是没有上限的，可以一直放大下去。

上，分形图案在不同尺度上的自相似性可以无限延展下去，正如"芒德布罗集"所阐明的那样。

在数学上，芒德布罗集这种精巧的几何图形和水、冰、蒸气不同，因为它没有办法用简单的方程描述出来，而后者只需要在方程的变量中填入几个数字，就可以得到一个几何、代数或统计结果。混沌系统是一个只会随着时间的推移逐渐显现结果的过程，它不能用简单公式来概括，而是必须在计算程序、数学模型的帮助下，才能于几分钟、几小时、几天内得出结果。若是没有计算机技术的问世，我们甚至无法想象天气、漩涡、行星轨道这类混沌系统到底是怎样一种理论。

尽管分形数学和混沌系统已经取得了一些研究进展，但目前仍有很多人类无法解释的系统，更别说进行数学建模了，生命体就是一个很好的例子。虽然我们可以在生命体内的某些组成部分上看到分形和混沌的影子，比如血管的分形结构、肺部的气管分布、心脏跳动的电信号模式，但这些都不足以描述整个生命体。为了描述生命，我们需要第三类复杂性系统。

《生命游戏》

20 世纪 70 年代初，一个寒气袭人、满天星斗的冬夜，克里斯托弗·兰顿独自坐在麻省总医院的计算机实验室里。兰顿是一个典型的年纪轻轻的嬉皮士，通过自学成为一名计算机程序员。当时他正坐在麻省总医院心理科6楼的房间里，身旁遍是闲置的计算机零件、电子管、电线，以及几台陈旧的脑电图机和示波器。兰顿的工作常常昼夜颠倒，经常通宵调试代码直到凌晨。不过那天晚上，他突然遇到了一件不同寻常的事："当时我脖子后面的汗毛都竖起来了。我感觉房间里有其他人存在。"[2]于是他转过头去，希望看到同事，而不是其他东西的身影，可是那里空无一人。

他赶忙彻底转过身来，结果在余光中发现某台电脑屏幕上正播放着什么。那是一段早先设计的计算机模拟程序——大体上可以看作一个电脑游戏——如今被大家称为《生命游戏》。一个个冒着绿光的矩形方块不断地在屏幕上闪烁、舞动，一边移动，一边变换着形状。

就在那一刻，兰顿意识到，他所感受到的那种存在"一定是生命游戏。屏幕上有什么东西活了起来"。[3]

约翰·康威的《生命游戏》于1970年10月首次亮相于《科学美国人》的《数学游戏》专栏上。[4]（我记得我11岁的时候在西哈特福德公共图书馆看到过这期杂志。没错，我小时候就喜欢逛图书馆。）

英国数学家康威设计的《生命游戏》运行在一个由大量方

格组成的二维开放式网格状结构上，这些方格存在"活着"（激活态，显示为黑色）与"死亡"（非激活态，显示为白色）两种状态，一个方格的具体生死取决于它周边的活方格数量或死方格数量。

兰顿向作家米歇尔·沃尔德罗普描述了这个令人毛骨悚然的故事之后，米歇尔便将其放进了自己的《复杂》一书。"我还记得当时是半夜，我看着窗外，身边的那些机器嗡嗡作响……在剑桥市查尔斯河对面，你可以看到科学博物馆和穿梭往来的汽车。我开始思考这些现象背后的运转规律，思考我所看到的这一切为何可以发生，这座城市为何可以静静地存在于此，且充满了生机。然后我意识到，这似乎和《生命游戏》没什么差别。虽然前者肯定比后者复杂得多，但二者本质上可能是同一种现象。"[5]

他说，这种顿悟给他带来的冲击"就像一场雷暴、龙卷风或潮汐，让思想发生了翻天覆地的变化"。[6]他这样描述那晚灵光一现的时刻："所有的一切都恰逢其时，那一刻我不由自主地想到了这些现象背后的规律。在余下的职业生涯中，我一直都在探寻这种规律，想要彻底弄懂它。"[7]后来我们知道，这种探索将他引向了复杂性理论。

随后兰顿开启了他博采众长的探索之路：他在波士顿的几所大

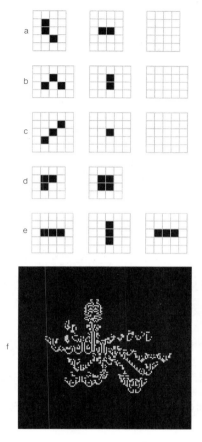

此图为康威《生命游戏》的示例，该游戏最初刊登于 1970 年《科学美国人》马丁·加德纳的《数学游戏》专栏上。游戏开始时，玩家拥有 3 个"活细胞"（黑色方格），每个细胞周边的"活细胞"数量和"死细胞"（白色方格）决定了下一代的演化情况。具体来说，康威为细胞的生死设立了以下 4 条规则。

1. 如果一个活细胞周边有两个或三个相邻的活细胞，那么它一定能活到下一代。

2. 如果一个活细胞周边有四个或更多个相邻的活细胞，那么它会在下一代死去（过度拥挤）。

3. 如果一个活细胞周边只有一个相邻的活细胞，或干脆一个都没有，那么它也会在下一代死去（过度孤立）。

4. 任何一个周边有三个相邻活细胞的死细胞，都会在下一代复活。

有些初始图案会导致游戏在细胞全部死亡时结束，比如图 a 至图 c。也有些初始图案会让游戏演变成一个固定图案，比如图 d，或让游戏在不同图案之间来回切换，比如图 e。还有些初始图案会导致图案永不停歇地变换和增长，这类初始图案往往拥有"有机的"结构，比如被称为"烛芯生长"（wick stretcher）的图 f。如果我们实时观察图 f 的演变情况，就会发现随着世代的推移，画面上会有一个茎状结构不断向上生长，就像一朵盛开的花。

学之间试听了大量彼此无关的课程，在图书馆或书店的书架上如饥似渴地翻阅各类图书，甚至还在波多黎各的实验室里花费了一年的时间研究灵长类动物的行为。最终在 1976 年，他来到了位于索诺拉沙漠的、世界领先的亚利桑那大学天文学和宇宙学研究中心。不过没多久，他就发现天文学的本科课程有些令人失望，于是他马上转向了哲学和人类学方面的研究。

他渐渐地意识到，他最应该研究的问题是"思想的历史"和"信息的演变"——这里的信息指的是机器编码中的信息，宇宙那些物理过程中的信息，以及不同人类个体、不同社会阶层之间所传递的信息。他现在已经十分确定，信息就是一切问题的关键。"我的直觉不会错。"[8]

他发现在之前的几十年当中，有很多伟大的思想家一直在研究信息的本质，以及信息的物理性质。其中最具代表性的人物是博弈论的创始人约翰·冯·诺依曼，以及现代计算机科学的创始人艾伦·图灵。

1982 年，他来到密歇根大学，学习了该校为研究生开设的计算机与通信科学课程。就是在这里，他把一生的研究线索拼凑到了一起——经过十几年的摸索与探寻，他终于又回到了起点，又回到了当初吓得他汗毛倒立的《生命游戏》上。只不过如今他已经明白，《生命游戏》其实有一个更恰当的名字，即

《人造生命》。[9]

处于混沌边缘的生命

几年之后，当时任职于新泽西州普林斯顿高等研究院的物理学家兼计算机科学家史蒂芬·沃尔弗拉姆也对《生命游戏》产生了兴趣。他以一种精巧的、科学的方式探究了该游戏的运作原理，并将能够持续存在下去的结果分成了四个类别。[10] 其中有两个类别是稳定的，即永久固定（比如前文的图 d）和反复闪烁（比如前文的图 e）。第三类结果属于分形数学，它们的图案看起来极为混沌〔这里无法给出图片，因为这种结果是一种随时间不断演变的形状，类似于漩涡的"运动稳定性"（stability-in-motion），它们只能体现在视频当中〕。第四类结果分别由兰顿，以及早期混沌理论学家诺曼·帕卡德独立发现，这类结果完全出乎了人们的意料。

兰顿和帕卡德的探究方法，与沃尔弗拉姆的探究方法有一个关键区别。这种区别有点像是研究水的每种形态，与研究水如何从 A 形态变成 B 形态之间的区别：前者着眼于水当前的形态，比如液态、固态、气态；而后者着眼于形态发生变化时的现象，比如沸腾的水如何冒出蒸气，冬季的寒冰如何在暖阳下升华为蒸气，雾如何在晨间散步时刻于清凉的环境中凝结成水珠并打湿你的衣服。科学上将后者这种变化称为相变。当然，当主体是水时，这些变化是很好理解的。

不过，当研究对象变成《生命游戏》时，我们遇到了一些全新的东西。兰顿和帕卡德发现，这出人意料的第四类结果出现在了稳定有序和混沌无序的临界点上。它是一种仿佛有生命的、不断发展的形态，其结构和运动会让人不由自主地联想到生命体。另外，它还具有不可预知性。这第四类结果其实就是后来被正式命名为复杂性理论的早期案例。

从这个角度来看，复杂性这个概念并不仅仅意味着该系统是复杂的。作为一个科学术语，它特指生命游戏这类模型所包含的某种"全新秩序"。就像我们用"混沌"这个概念去描述漩涡、天气这类以前无法描述的东西一样，在某种程度上而言，"复杂性"现在甚至可以用来描述生命本身。

这些模型不仅表现出了很多生命体特有的行为，实际上也可以用来描述真正的生命系统，无论是单细胞生物、多细胞生物，还是像蚁群、城市、地球生态系统这样的大型集合体。①

正如科学作家罗杰·卢因所形容的那样，复杂性系统——一种信息极为丰富、仿佛拥有生命的系统——会在"混沌与稳定

---

① 想要在书本中用静态图片复现这些现象是一件很困难的事，不过你可以自己上网去搜索和《生命游戏》相关的应用程序，然后亲自观察图案随时间变化的规律。

的交界处"迸发而出。[11] 此外，兰顿也在他 1986 年出版的作品中将这种相变称为"混沌行为开始的地方"。[12] 而帕卡德的描述最为经典，他在 1988 年出版的作品中将其称为"混沌的边缘"，这个意味深长的名字一直沿用至今。[13]

液态水、冰、水蒸气之间的相变可以用线条很直观地表示出来，但混沌不一样，它的相变界限是分形结构的，我们可以把它想象成和芒德布罗集一样的，有着无限细节的边界线。

在不懈探索之下，复杂性理论很快就展现了在生物学方面的应用。在帕卡德看来，生物复杂性可以解释生物如何从世界中吸收信息、处理信息，并做出反应。这种计算能力是判断一个生命系统的决定性特征，无论它们是相对简单的单细胞群（比如细菌，它们可以感应环境中的营养物质和毒素并做出反应），还是规模庞大的复杂的生物网络（比如森林中的树木和真菌，它们可以在一年四季中不断地加工处理阳光、水分、大地中的营养物质，并对来自化学品、传染物、昆虫甚至人类的威胁做出反应）。

为了适应不断变化的环境，生物进化会朝着越来越高的计算复杂性方向发展。"直觉上来说，想要生存就得学会计算，这很合理。"帕卡德对罗杰·卢因说，"如果这是真的，那么自然界对生物的选择会导致计算能力的不断增强。"[14] 生物系统似乎会因此朝着混沌的边缘进化。帕卡德的进一步研究表明，生命对环境的适应性会自发地朝着混沌边缘方向发展，这是系统内部互动规则的自然结果。他这些重要的发现可以归纳成一句话：进化导致复杂。

斯图尔特·考夫曼是一位博学多才的医生兼理论生物学家，他更进一步地探讨了复杂性理论对于生物学的意义。他在 1993 年出版的《秩序的起源》（*The Origins of Order*）一书中表示，复杂性理论对生命进化理论的影响绝不亚于达尔文的自然选择理论。[15] 利用一种被称为"布尔网络"的数学结构，考夫曼成功地将细胞分化行为（同一来源的细胞可以演化成不同种类的新细胞）视为一种复杂性系统并进行了数学建模。[16] 他还利用复杂性理论的方法解释了为何某些类型的分子（所谓的"自催化集合"）可以通过相互作用，于地球早期海洋的"生化汤"中孕育出生命。[17] 虽然兰顿和帕卡德的工作让复杂性理论有了无限可能，但考夫曼凭借自己的想象力和直觉，让自己的工作比其他任何一位复杂性理论学者的工作都更能证明，复杂性理论有能力解释这个世界的生命之谜。

涌现与不可预测性

前面讨论了这么多和计算机、数学相关的知识，可能让人有些望而却步。我们要知道的是，虽然这只是复杂性理论真理性的诸多阐释方式中的一种，但它却很有代表性，因为它很好地强调了相对论、量子力学等传统科学理论与这个年轻理论之间的关键区别。正如我们所看到的那样，无论是混沌还是复杂性，它们都不能像之前的那些物理理论一样，用一套方程去预测未来走向，而是只能用计算机建模的方式来进行探索。只有这样，我们才可以观察到它们随时间的演变情况，观察到它们作为一个整体所获得的全新特性，观察到它们如何能够超越构成这个整体的部分之和。这种常常像变魔术一样出现全新特性的现象，就是前面提到的"涌现现象"。

　　混沌系统中的涌现与复杂性系统中的涌现之间的区别，在于可预测性。在混沌系统中，只要向计算机模型输入的初始条件不变，该模型就总是会产生相同的涌现特性，整体以一种可预知的方式大于其部分之和。在复杂性系统中，虽然我们可以预知该系统会产生涌现现象，但我们永远无法预知其确切的特性，哪怕初始条件不变也不行。由此可见，复杂性系统的整体以一种不可预知的方式大于其部分之和。这有点像这个世界，又有点像我们的生命。

第三章

复杂性的规则

在复杂系统内部，个体之间不断进行随机性互动，其中蕴藏了进化的力量。这是复杂性的规则，也是生物系统保持适应性和创造力的源泉。

春天的早上，我离开公寓前往医院，路上是一排排迎风微拂的绿树，脚下是一大片绽放着黄色光芒的水仙花和连翘，它们正在贪婪地吸收着水分、阳光，以及土壤中的营养，将其变作枝干、花叶中的一部分。公寓楼前的草坪上，旅鸫正倾着身子，仔细辨听蚯蚓在地下蠕动的声音。我走上了纽约市的人行道，挤进了忙忙碌碌、熙熙攘攘的人流。不知为什么，所有人都能及时精准地调整摆臂、迈步的动作，从而避开人群与障碍，奔向自己的目的地。

的确，我们身边随处都是由各个"部分"经"自组织"过程而形成的动态的、有生命的、有适应性的涌现现象或过程。虽然我们的日常习惯，我们对身外事物的关注，会使我们误以为我们是万物的观察者，独立于观察对象而存在，但事实上我们不仅是观察者，更是其中的参与者。

目前全世界有好几个机构都在致力于复杂性理论的研究，这足以说明它在各个领域所产生的越来越强大的影响。那么，那些复杂性理论的研究学者都在研究什么呢？答案是生物学与工程学、生态学与气候学、城市生活与农业、商业与经济、人类学、宗教学、进化论、时间、历史、未来。

在这些人的研究成果上，我们可以根据目前已知的一些简单规则去了解、探索复杂性理论。这些规则能够帮助我们更好地了解哪些前提条件会导致复杂性现象和涌现现象，帮助我们识别出它们，帮助我们在它们出错的时候做出正确判断。下面我会以蚂蚁为例来介绍这些规则，这不仅是因为它们无处不在，每个人都或多或少地对其有所了解，还因为蚂蚁体系的规则几乎适用于所有的复杂性系统。

规则 1：数量规模很重要

相互作用的个体数量必须足够多，才能形成一个复杂性系统。网购的"蚂蚁工坊"一般配有 25 只左右的蚂蚁，它们会一起努力工作、挖掘隧道、开辟觅食路线、为死去的蚂蚁建立集体墓地。这些行为都是涌现的例子。不过，如果蚂蚁的数量只剩下了几只，自组织行为和涌现特性就会消失：再也没有蚂蚁去开辟觅食路线，再也没有蚂蚁去齐心协力地挖掘隧道，再也没有蚂蚁去为其他蚂蚁收尸。另外我们还会发现，系统的个体越多，它的复杂程度就越高，2000 只蚂蚁构成的蚁群要比 200 只蚂蚁构成的蚁群复杂，20000 只蚂蚁构成的蚁群又会比 2000 只蚂蚁构成的蚁群复杂。换句话说，村庄不同于城市，普通城市也不同于巨型城市。

规则 2：互动是局部的，而非整体的

蚁群之所以会产生涌现特性，并不是因为蚁群中有某个领导者在指挥一切。虽然通常来说，涌现现象看起来是一场自上而下的、计划周密的运动，但实际上并不是。一个简单的蚂蚁队伍就可以很好地说明这一点。蚂蚁会在它们发现食物的地方取走食物，并将其带回蚁穴。蚂蚁们的运动井然有序，效率高超，看起来就像是有人安排好的一样，但实际上这一切的背后并没有人负责指挥。蚁后并不具有行政职能，换句话说，它不会站在宏观角度去监控整个蚁群的运转状况，它只负责蚁群的繁殖。没有任何一只蚂蚁或一队蚂蚁站在指挥者的角度去规划

食物路线或蚁群的其他工作，这些有组织的行为仅仅来自每只蚂蚁个体和它所遇到的其他蚂蚁个体之间的互动。

　　蚂蚁之间会相互传递信息素或气味信号，通过交流来应对不同情况。探测到信息素时，不管是它自己留下的还是别的蚂蚁留下的，该蚂蚁都会以特有的方式做出反应。比如蚂蚁在行走时会利用气味给自己留下线索，这样一来，它就可以在转向时沿着线索返回蚁穴。

　　探索到食物之后，它会取下一部分，然后转身沿着自己的气味返回。

　　现在食物被蚂蚁举了起来，蚂蚁会边走边分泌一种不同的气味。这种气味可以被其他蚂蚁感知到，向它们发出"发现食物"的信号。由于气味会随时间而减弱，气味的相对强度可以指明方向：第一只蚂蚁将食物带回蚁穴的方向上气味较强，食物的方向气味较弱。

其他遇到这种信息素痕迹的蚂蚁会辨别该气味，然后在信息素的指引下朝着食物的方向爬去。

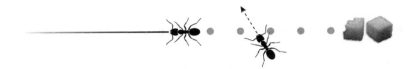

理所当然地，它也会找到食物。

之后，这条觅食路线上的蚂蚁会越来越多，其中每一只在找到食物之后都会沿原路返回。这些蚂蚁的路径彼此重叠，形成了一条更稳固的路径。

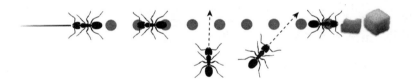

如此便形成了一条觅食路线，其中所有蚂蚁都无须考虑蚁群是否需要食物，这些食物需要多少只蚂蚁才能搬运回去，以及如何找到这些工作所需的蚂蚁。可以看到，局部互动涌现了一种复杂行为。一只又一只的蚂蚁就像接力一样，直到食物被搬空。从这时开始，这条路线将不再会有其他蚂蚁搬运食物，随着气味痕迹的消散，该路线也会停止自我稳固的过程。

在人类社会体系中，我们常常会陷入一种错觉，认为我们当中的某些人可以监控整个人类。例如在一个独裁者看来，他可以自上而下地领导整个社会体系，但这是一种假象。事实上，虽然这些独裁者可能牢牢掌控了高层次的细节，但这并不等同于掌控了全社会。换句话说，虽然跟蚁群相比，他们收集的数据要丰富得多，掌握的信息也复杂得多，但这仍旧只是一种特殊的"局部"掌控而已。他们常常认为自己可以站在互动网络之上俯视整个系统，但真实情况是他们总会不可避免地陷入网络，与其中的人和事密切联系在一起。最终，独裁者无法知晓反叛者聚在一起之后的低声密谋，也不会注意到即将掀起的革命。这种革命本身就是一种涌现现象，只要遇到星星之火就有可能会推翻这位试图自上而下地统治全社会的独裁者。由此可见，虽然独裁者坚信自己掌控着社会体系的每一个细节，但这一切都只是幻觉而已。

同样，你体内也不存在哪个细胞可以在整体上监控你的身体，从而检测你是否困倦，是否饥饿，是否产生了性欲。别说细胞了，就连器官也无法做到这一点。当然有的人会问："难道大脑做不到吗？"虽然我们作为人类社会的一分子，会本能地把大脑放在凌驾于全身感知系统的位置之上，但事实上大脑就像那些独裁者一样，大脑对身体的掌控程度并不比独裁者对社会体系的掌控程度高。虽然大脑的确可以通过沿着神经传递的信号与身体各部位进行交流，发出某些命令，接收某些信息，但我们也要知道，身体各部位反过来也会调节大脑本身。能够产生皮质醇（一种应激激素）的肾上腺就是一个很好的例子。一天24小时之内，皮质醇会随着生活节奏的变化而升降，但在极度紧急的时刻，身体需要保持高度警惕状态，此时皮质醇的合成速率就会被改变。再比如消化道内的细菌，它们可以影响大脑，改变情绪状态、饥饿状态，以及其他行为。由此可见，大脑也是人体网络的一部分，它既可以影响其他部位，也会被其他部位影响。它无法高高在上地坐在头骨宝座上，远远地俯视身体其他部位。

那么，到底是谁掌管着谁？答案就是没有任何个体可以掌管一切，所有互动都是局部的。一个复杂性系统中的每个元素都会通过一个个局部互动网络和其他所有元素产生互动。虽然元素的影响力有大有小，但绝没有任何一个元素可以高于、超越整个网络，绝没有任何一个元素可以站在外部完全控制整个系统。

规则 3：负反馈

反馈回路是一种极为普遍的现象。

前面对局部互动的探索，让我们对复杂性系统的调节过程有了更深入、更细致的了解。每个系统都有自己的反馈回路——一种能够将运转状况"反馈"给自身的互动网络。为了理解系统反馈到底是怎么一回事，我们可以回想一下空调的工作方式：空调可以监测当前的室温，房间太热时它会自动开始运转，房间变冷时它又会暂停运转。这就是一个负反馈回路，因为它可以让房间温度保持在一个固定的范围之内。与之相反的便是正反馈回路，这种情况下房间温度上升反而会导致空调加热器开始运转，促使室温变得更高。①

负反馈普遍存在于复杂性系统当中，它能让系统保持在一个震荡的、动态的、健康的平衡范围当中，而平衡态又能让系统在面对周遭不断变化的环境时保持适应能力，并防止系统中的某个元素过于强势从而挤压其他元素的生存空间。

现在我们回想一下蚂蚁构建觅食路线的过程：首先会有一只蚂蚁留下自己的信息素，用它来指明觅食方向和返回蚁穴的方向；然后会有另一只蚂蚁路过，对上一只蚂蚁留下的信息素

---

① 需要注意的是，正反馈、负反馈中的"正负"和"好坏"无关，正反馈不意味着好，负反馈不意味着坏。

做出反应，并留下自己的信息素。现在两只蚂蚁的信息素叠加在了一起，这种强化过程让其他蚂蚁成功加入这条觅食路线的可能性增加了一倍，反过来这又会导致更多的路线、更多的蚂蚁，更更多的路线、更更多的蚂蚁……觅食路线的建立就是一种正反馈模式。

不过，如果每只蚂蚁都参与了觅食行为，那蚁群的其他工作就没人做了，这就是负反馈如此重要的原因。事实上，从铺设信息素路线的那一刻起，路上的气味就开始消散了。这些信息素不仅能为蚂蚁指明方向，同时也起到了负反馈的作用：气味不会永久维持下去。负反馈可以防止蚁群盲目地形成一条巨大的觅食路线。

所有生命系统都处于动态平衡状态，它们永远不会静止。和混沌系统中的"运动稳定性"类似，复杂性系统会在一个健康的、能够维持生存的范围内，永不停歇地产生各种变化，持续不断地震荡反复。生命是一场无休止的运动，稳定性处于动态平衡当中，而非僵化不变当中。

在一个处于平衡态的系统中，如果正反馈强度超过了负反馈强度，那么这种可以自我维持的平衡态就将不复存在，消耗能量的行为会占据主导地位，最终导致系统崩溃。以经济泡沫和癌症为例，二者都诞生于一个原本处于平衡状态的生命系统[1]——一个正常运转的经济体系、一具由彼此互动的细胞构成的健康躯体——但是由于各自存在问题，负反馈强度下降，正反馈占据了主导地位，爆炸性的增长会随之而来，然后就是彻底崩溃：经济出现衰退或萧条，癌症晚期患者会失去生命。

经济大萧条之后，美国经济社会出现了一件非常关键的事情。1929年股市崩溃后，经济学家和立法者们很快就意识到，美国有必要建立新的法规，以防止社会再一次因同样的经济泡沫而失控，这部法律便是《格拉斯–斯蒂格尔法案》，它对美国经济体系进行了大刀阔斧的改革，将投资银行与商业银行拆分开来，以防止银行跟自己借款。另外，它还赋予了美联储监管银行的权力。本质上来说，这些法规不过就是一种试图将经济维持在一个能够适应环境变化的平衡态中的负反馈罢了。

历史证明，这些改革的确起了很大作用。然而在20世纪80年代初至21世纪初这段时间内，这些法规的力量逐渐被美国的两个主要政党削弱，所以从复杂性理论的角度来看，经济泡沫毫不意外地出现了，整个经济体系也开始逐渐走向衰败，并于2008年导致了著名的经济危机。随着负反馈力量的减弱，各个市场（比如硅谷科技行业、次级房屋借贷市场）的正反馈开始导致无节制的投机行为，随之而来的高能耗经济增长以及脆弱

---

① 细胞、有机体、社会、国家都可以被视为"生命系统"。——译者注

不堪的经济泡沫，终于导致了新一轮的经济危机。

细胞生长也是如此。正常组织中的正常细胞会通过负反馈的抑制作用来调节自己和其他细胞。比如某个挨着其他细胞生长的细胞会呈现一种"接触抑制"的状态：如果它周围的细胞变多了，它就会停止分裂；如果它周围的细胞死亡，或被移走，导致接触丧失，它还可以从被抑制生长的状态恢复至分裂状态，相应的空间会再一次被细胞填满。接触抑制恢复的过程就是一个通过负反馈来实现的完美动态平衡：系统不断地关闭、开启、关闭……

当基因突变导致细胞癌变时，这些突变要么会关闭负反馈，要么会打开正反馈，或者"双管齐下"。由此一来，癌症会让系统脱离平衡态，变成一个不断膨胀、不受控制的增长机器，进而形成不断入侵、不断扩散的肿瘤。不断自我强化的正反馈占据主导地位后，系统的能量就会出现过度消耗。癌症患者的身体根本无法满足肿瘤日益增长的代谢需求，所以这些患者会变得越来越虚弱，直至死亡。

最新的癌症治疗方法，不仅会想办法杀死癌细胞，还会想办法让身体重新回到平衡态。事实上，人体的免疫系统会自发地对身体平衡态进行监控，以防止肿瘤的生成。不管出于何种原因［比如压力过大、营养不良、服用免疫抑制剂或未治愈的

HIV（人类免疫缺陷病毒）感染]，只要一个人的免疫系统长期脆弱，他就有患癌症的风险，因为基于免疫系统的负反馈已经无法正常运转。好消息是，最新的抗癌治疗研究已经找到重启免疫系统识别肿瘤、对抗肿瘤的方法。当系统恢复到平衡态后，恶性肿瘤也会随之消退。

接下来的探究中，我们会逐渐减小研究对象的尺度——从细胞到分子，再到原子、亚原子粒子，以及深奥的量子领域——其中每个尺度都会存在负反馈和正反馈的形成过程，这些形成过程就可以看作该尺度下各个个体之间的互动交流方式。系统越复杂，这些互动交流的方式就越精细，我们对它们的认知和总结通常来说也就越不精确。对于细胞、身体这样的尺度来说，它们更难用简单的方程来描述，但在那些最小的尺度上，比如原子尺度（受化学规律支配）和量子尺度（被粒子物理学和量子场论的规则支配），物理过程会更为简明，而且总是能够用数学方法描述出来。

规则 4：随机程度不能太高，也不能太低

不可预测性不仅是复杂性系统的一个决定性特征，也是复杂性系统那惊人的创造力的源泉，它可以对整个系统产生非常深远的影响。

总会有一小部分蚂蚁没有沿着那些已经铺设好信息素的、方向明确的觅食路线爬行，这些蚂蚁并非懒惰，也并非没有存在意义。相反，它们对于系统的适应性来说至关重要。如果所有蚂蚁都沿着觅食路线爬行，那蚁群就没有多余的蚂蚁去寻找新的食物来源。在 2000 年前后的那次干细胞研究当中，我和同事发现人体也存在类似的行为。如果细胞表现得像机器一样精准，那么身体在疾病或伤害面前就会显得过于脆弱。细胞在体内活动时必须存在适当的随机性，只有这样身体才能产生恰当的愈伤反应。[1]

对于生活来说，凡事都要讲个"适度"，细胞也是如此，细胞的随机性也必须适度才行。太多的随机性会导致自组织行为无法产生，太少的随机性会导致系统的一举一动过于机械化，缺乏足够的灵活性去适应环境变化，以致无法及时调整自己的行为。只有恰到好处的、低水平的随机性〔有时也被称为"淬致无序"（quenched disorder）〕，才能让系统表现出斯图尔特·考夫曼所说的探索"邻近可能性"的能力。[2] 如果没有随机性，系统就少了很多机会，少了很多"误打误撞"的创新能力，从而无法探索新的生存方式和运作模式。恰到好处的随机性可以让系统保持活力。

小时候，蚂蚁的这种行为曾一度让我们母子的关系十分紧张，因为我妈妈就像有洁癖一样，试图把房子保持得干干净净、整洁无瑕。倘若我在厨房遇到了一只独自探索的蚂蚁，我就必须在我妈妈看到它之前立即把它弄走，否则我妈妈就会杀死它，然后打电话叫灭虫公司来一次彻底杀虫。面对这种情况，我有些于心不忍，所以每次遇到迷路的小蚂蚁我都会拿一张纸把它铲起来，送到室外，让它和其他蚂蚁一起待在它们应该待的地方。

不过事实上我妈妈的判断才是对的。这只小蚂蚁只是蚁群淬致无序现象的一部分，它为蚁群探索"邻近可能性"，也就是探索厨房中所有可能的食物位置开辟了道路。它的任务就是在我妈妈把它们扫出门之前找到我不小心掉在地上的面包屑。找到之后，它会立刻转过身去，沿着自己的气味返回蚁穴，为其他上百只蚂蚁留下一条可靠的觅食路线。它可不是什么"可怜的小蚂蚁"，而是入侵我们房屋的先锋！

这种恰当的无序，正是我们无法预测复杂性系统涌现特性的原因，尽管我们十分确定这种涌现必然会发生。复杂性系统会不断受到低程度随机性的影响，所以同样的起始条件几乎无法以完全相同的途径演变。每时每刻，复杂性系统都仿佛笼罩在一朵朵由"邻近可能性"构成的彩云之下，其中每朵云都有可能成为该系统下一时刻的样貌。也就是在这一刻，那些不可预知的可能性才会坍缩成其中某一种可能性。之后，该系统会面临新的条件、新的有限随机性，它周边也会重新冒出一朵朵由"邻近可能性"构成的彩云……如此反反复复、一次又一次地迭代下去。

就生物进化而言，自然选择很有可能会迫使物种发生变化，而这些变化方向是有范围的，变化只能在"邻近可能性"中产生。换句话说，这些变化的范围并非无穷大，而且大多数变化方向无法适应环境。不过这些变化的范围也不算小。尤为关键的是，这些变化无法被预测。生物的创造力，生命面对不同环境产生不同反应的能力，甚至新物种、新生态系统的进化，都源自系统的淬致无序。

最重要的一点是，虽然液态水、冰、水蒸气之间的物理相变可以用简单线条清晰地表示出来，但混沌边缘的界限是分形结构，就像芒德布罗集那种无限精细、错综复杂的数学边界一样。总之，生物的创造力来自一个由分形几何结构框定的区域。区域的一侧是稳定，另一侧则是混沌，二者同时在两侧"拉扯"着生命。

接下来的章节中，我们将探讨不同种类的"个体"（人体、细胞、分子、原子等）如何通过互动创造出、涌现出复杂的整体。其中每一种类的形态、功能、产生随机性的方式都会因系统尺度大小而有所不同。同样，能够产生反馈回路的互动模式也会因尺度的大小而有所不同——细胞之间的互动方式与夸克之间的互动方式有很大差异。所以，尽管本章的内容在大体上适用于所有尺度，但实际上它们的细节各有不同。不过我们也会发现，在每个尺度上，复杂性系统只需要范围很小的随机性和稳固的互动网络就足以达到平衡态，哪怕该系统此时正朝着不可预知的方向进化。

有序和混沌的边界线与水的相变的边界线有所不同，后者是平滑的，而前者是分形的、无限的、繁复的——这里是复杂性现象诞生的地方。

当然，事物总是有两面性的。如果那些"邻近可能性"不适宜某些个体甚至整个系统的生存怎么办？淬致无序会引导我们在稳定和混沌的边界线上跌跌撞撞地前进，其终点或许并不是我们所期待的那个地方——我们或许没能留在分形结构的相变边界线上，这个能够孕育生命的地方，而是偏离了轨道，进入了像机械一样僵硬固化的决定论区域，或错综迷离的混沌区域。此时此刻，稳定与混沌会停止"拉扯"，系统的自我维持性、能够适应环境的创造力也会随之消失，该系统会经历一场部分或完全的毁灭。

由此可见，虽然随机性是复杂性系统以及所有生命的创造力的源泉，但它也必然会导致某些部分的彻底毁灭。如果时间足够长，整个系统最终就会死亡。所以，世界上不存在永恒的生命，更不会存在"青春之泉"①这种东西。

虽然对于我们这样的个体来说，这是一件令人沮丧的事情，但站在更高的角度来看，这也许并非坏事，毕竟毁灭总是意味着某些全新的涌现现象。如果恐龙没有灭绝，哺乳动物怎能崛起？如果没有黑死病，欧洲能出现文艺复兴吗？死亡可以为更多令人惊奇的、难以预知的生命腾出空间。再者，除了活着，生命不是还有很多其他意义吗？为某个更大的、不断进化的整体而牺牲，不也是一种意义吗？

现在我们应该可以感受到，原本抽象的复杂性理论——数字、游戏、几何、计算模型——本质上和命运、意义、生命、死亡等问题息息相关。

---

① 青春之泉（Fountain of Youth），又译作不老泉，是一眼传说中的泉水，人们相信喝了它就可以恢复青春。——译者注

认知万物的尺度

第二部分

2

第四章

细胞尺度：探讨人的"边界"

在日常生活的尺度上，人的边界就是皮肤。但从微观尺度上，人体细胞和各种微生物群密切交互合作，人体的边界至少和我们居住的空间一样宽广。

每位像我一样的诊断病理学家，都享有每天用显微镜观察人体组织样本的"特权"。

　　通常来说，我们观察样本是为了给病人做出诊断，比如通过活检看看他是否患有肿瘤。如果是，再看看这个肿瘤是良性的还是恶性的。平均来说，我们每天都会在显微镜前待上好几个小时。随着一次又一次的病理诊断，我们脑海中早已形成这样一个常识：身体是由器官、组织、细胞等更小的部分组成的。

　　在显微镜下，我们既看不到完整的人体，也看不到四肢或器官，视野中只有一个个细胞。我们可以观察到它们如何聚集、组织；如何相互连接、分离；两个相邻的"同类"细胞为何表现迥异。虽然那些皮肤细胞长得都差不多，但实际上它们彼此之间有很细微的差别。换句话说，它们是同类细胞，但它们并不完全相同，会在统一的框架下表现出或多或少的细微差异。

就在我们细致观察的时候，突然传来了敲门声，我们不得不抬起头，把目光移回到日常世界，把观察尺度放大到人体水平。实习生、同事们陆陆续续走进办公室，大家一起展开了日常尺度上的社交互动。没错，通过恰当的训练，我们既可以在身体尺度上认知动物（蚂蚁、鸟类等）或人的躯体，又可以在更小的尺度上认知这些躯体的组成部分，把它们看作一个个由细胞构成的集合体。

这时可能有人会问："既然像蚂蚁这样的动物躯体能够通过自组织行为形成复杂性系统，并产生涌现特性，那细胞是不是也能做到？"答案当然是肯定的，因为它们符合构成复杂性系统的所有规则。第一，通常情况下细胞的数量很多，即便是单细胞生物也常常会聚在一起形成细胞集落，几乎没有例外。而最简单的多细胞生物也有1000多个细胞。据估计，人体内有万亿级细胞，蓝鲸体内有上千万亿个细胞。第二，细胞之间以正反馈和负反馈的方式形成相互作用。第三，虽然激素等分子信号有可能从体内很远的地方来到细胞处，但站在这个细胞的角度来看，它接收信号之后所产生的互动仍旧是"局部的"。没有哪个细胞或细胞群能够真正监控整个系统。第四，细胞的互动中也存在淬致无序：不会太多，也不会太少。其中的随机性刚好可以让细胞在周围环境改变时，或人体需要从疾病、伤害等局部损毁状态恢复时，及时出现适应性的自组织行为。

将"把躯体看作一个复杂性系统"与"把细胞看作一个复杂性系统"一比较，我们就会立刻意识到，一个复杂性系统可以由其他复杂性系统组合而成。从远处看蚁群时，它就像躺在地面上的一坨黑乎乎的东西。如果观察时间足够久，那你可能会发现这坨黑东西并非静止不动，形状也并非固定不变，但总的来说，它看上去还是一个单一的东西。走近之后我们才会发现，它根本不是什么单一的东西，而是一群彼此互动、具有自组织行为、不停运动的蚂蚁。

现在假设我们可以进一步放大一只蚂蚁，从微观层面上观察它。就像我们走近蚁群，视野中的蚁群逐渐"溶解"成一个个彼此互动的蚂蚁时那样，此时蚂蚁的躯体也会逐渐"溶解"成一个个彼此互动的细胞。既然如此，这东西到底算是一个蚁群，还是一大群蚂蚁的躯体，抑或是一大堆细胞？

再举一个例子：你走在路上，突然听到空中传来一阵急促的啼鸣。你抬起头来，发现上方有一个正在移动的黑色阴影，你立即意识到这是一群鸟。可是，这到底算是一个单一的、正在移动的黑色阴影，还是一大群鸟？

某天我和朋友散步时，他问我最近在研究些什么。那一刻，我的视线越过朋友的头顶，看到了一群黑乎乎的、既像气球又像小船的东西，正在流畅地变换着形状。有那么短短的一瞬间，我的大脑如同短路一般，分不清眼前到底是什么。好在我立即集中了注意力，马上意识到那是一群椋鸟。"看！"我一边说一边指向了天空，"你不是问我最近在研究什么吗？这就是答案。"然后我跟他解释说，我研究的就是这群黑乎乎的东西到底是一个单一的东西，还是一大群各自飞行的鸟。"手指也是同样的道理。"我边说边伸出手指在朋友眼前晃了晃，"看上去这就是一根手指，可是，它到底是一根手指，还是一群细胞的集合体？其实两种观点都正确，这只是视角问题。"

一个事物，到底是一个单一的东西，还是一种由更小的东西形成的一种"现象"，取决于你的观察尺度或视角。

这并非只是一个抽象的概念。如果你曾坐过飞机，你可以回想一下目的地近在眼前、飞机即将降落时的经历。此时你仍旧处在这个世界的上方，眼看着自己离世界越来越近。你俯视着那一片片的屋顶，看着那些汽车像蚂蚁一样沿着道路移动。随着飞机高度逐渐下降，你离地面也越来越近……直到有那么一瞬间，你已经十分接近某栋建筑的屋顶，你突然就从世界之上来到了世界之中。与此同时，你也实实在在地感受到了观察尺度从 A 到 B 的转变（至少对于我来说是这样的）。

互补性

这种二元性可能会让你有些抓耳挠腮，你或许会产生这样一个疑问："从根本上来说，这个东西到底是什么？"那么我问你，你的身体到底是什么？是一个单一的实体，还是由身体各部分经互动而形成的一种"现象"？答案当然是二者都对，二者同样正确。

这种二元性正是量子物理学家所说的"互补性"的一种具体表现形式。互补性最有名的例子，大概就是如今已变得众所周知的"光的波粒二象性"，尽管很多人对它有所误解。

互补理论最初是因"双缝干涉实验"而被提出的，该实验表明，在一种观察方式中，光会表现得像由单个粒子组成的光束一样；在另一种观察方式中，光又会表现得像一种连续不断、此起彼伏的波。光到底表现为波还是粒子，跟具体的实验装置和观察方法有关，这种现象就是所谓的波粒二象性。很明显，单凭粒子性或单凭波动性，都不足以描述光的全部性质。二者呈现一种互补关系，只有把它们放在一起，人们才能捕捉到光的全部性质。其中每个视角都能提供另一个视角所不具备的信息，我们把这样的关系称为互补性关系。

尼尔斯·玻尔是量子力学的创始人之一，他于 1928 年提出了互补性的概念，并在接下来的一段时间内继续对其进行深入研究。当时科学家们已经发现，没有哪个单独的实验能够同时证明波动性和粒子性两种性质。大家都同意这样一个基本原则：在量子层面上不可能同时捕捉到粒子的两种状态。不过玻尔把视野放得更远，他坚信，互补性不仅适用于尺度极小的量子领域，同时也适用于日常生活的尺度，适用于我们身边的那些生命。[1]

换句话说，玻尔认为互补性是所有尺度下的基本原则。玻尔非常重视这一理论，以至于当丹麦王室向他颁发全国最高荣誉，即大象勋章时，他特意为自己的纹章设计了一个阴阳共存的和谐图案，以体现互补性思想。可惜的是，或许是因为随着 20 世纪的到来，科学领域的专业性越来越强，细分领域越来越多，以至于互补性这一普遍适用的思想，只存在于哲学研究和科学研究的角落里。尽管如此，它仍旧是一个富有活力的思想。

上图即玻尔设计的纹章。上面的文字"CONTRARIA SUNT COMPLEMENTA"意为"彼此相反，即为互补"。

　　下面还有一张图可以说明什么是互补性。在这张经典的黑白图像中，左右两边的白色部分是人物侧影，中间的黑色部分看起来像一个花瓶。那么这张图到底是什么？是两张脸？还是一个花瓶？答案当然是它既是脸又是花瓶，两个部分同等重要。我们再次看到，这两个观点中的任何一个都无法完整描述图像，都遗漏了一些重要信息。完整的描述需要把两种相反的观点结合到一起，形成一个互补的单一整体。

　　躯体到底是一个单一的实体，还是经大量细胞互动而产生的一种"现象"？现在这个问题也很容易回答了。根据互补性，它两者都是，两者同等重要，具体表现形式取决于你的观察视角。在日常生活的尺度上来观察，躯体是一个单一的整体；在微观尺度上来观察，整体就会"溶解"成部分——一个个彼此合作、永不停歇的细胞。虽然你一次只能观察到其中一种，但两种观点同时正确有效，它们都是真实可信的，永远都是。

"你"的边界在哪里

　　意识到躯体既是又不是一个统一的实体，具有非常重要的意义。首先，这会让"躯体"这个概念的界限变得模糊不清。

在日常生活的尺度上，"我"的边界就是我的皮肤，"你"的边界就是你的皮肤。现在请你闭上眼睛，用手指去触摸这本书，或你手里的电子阅读设备。怎么样，皮肤接触到物体的一瞬间，有没有感受到"你"和其他东西之间存在一个明显的边界？

不过从微观尺度上观察的话，你的皮肤边界其实一点都不明显。最外层的皮肤细胞会不断死亡、脱落。事实上，我们家里的灰尘中，有很大一部分来自我们与家人的皮肤细胞。因此从微观尺度上来说，"我"这个概念无法被皮肤表面框定。我们的边界至少和我们居住的空间一样宽广。

其实一个人的躯体不仅包括人体细胞，还包括大量微生物群，后者指的是覆盖在人体皮肤表面，以及人体与外界相连的所有通路上（比如呼吸道和消化道）的微生物群落（主要是细菌，但也有真菌和病毒）。在人体内所有的活细胞中，前面这些非人体细胞占据了一半以上的数目。

一方面，这些微生物群会利用我们的身体来生存；另一方面，它们也是一具健康身体的重要组成部分。人类的生存完全离不开人体细胞和非人体细胞之间的密切合作。

现在请弯曲你的手指，看一下关节处的皱褶。放大后你会发现，皱褶里面其实生存着很多对皱褶有益的细菌。它们的种类可能因人而异，但它们都有一个共同的功能：这些细菌会以垂死的皮肤细胞为食，消化掉它们的细胞膜，然后排出"分子润滑剂"，软化关节皱褶处的皮肤。这就是皮肤不会因持续不断的关节磨损而开裂的原因。同理，如果你洗手过于频繁，其中的细菌就会被杀死，关节皱褶处就会成为皮肤第一个开裂的地方。

换句话说，如果没有那些覆盖着躯体每一个表面的细菌，我们就无法健康地生存。比如刚才那种情况，失去细菌会导致皮肤开裂，我们的躯体就会很容易受到感染。第二次世界大战以前、抗生素还没有被发明出来的那个年代，这种感染往往是致命的。

最近微生物群方面的研究给我们带来了更多惊喜[2,3,4]。这些微生物和人体细胞一样重要，一样不可或缺。每当我们接触到什么东西时，就会有一部分微生物和人体细胞从身体上溜走，门把手上、手机上、桌面上、钢笔上、你我的身体上，到处都是它们的痕迹。每次你和别人握手、拥抱、接吻，"你的一部分"就会被留下，相应地，对方的一部分也会随你而去。这种细菌交换是一个极为常见的过程，以至于生活在一起的人（和宠物）身上的微生物，会形成一个巨大的、共有的微生物群，一个覆盖了人类（以及猫狗）生存空间的、连续不断的多细胞实体。这是一个由微生物组成的大型群落体系。此外，这些由不同物种和生命形式组成的巨大群落——细菌、人体细胞、猫的细胞、狗的细胞——在生理上彼此交织，每一部分都会影响其他部分的生理机能，进而影响整体的生理机能。

那么这意味着什么呢？答案就是，我们共属一个微生物群的事实，会让我们和其他东西的边界，也就是皮肤这条边界，变得更加模糊。从这个角度来看，我们的边界会突然扩大至我们在一天当中所接触过的任何人、任何物体。

在细胞这种微观尺度上，时间的边界也会被改变。想想你今天的身体、昨天的身体、上个月的身体、去年的身体……再想想你壮年时期、青年时期、孩童时期、幼儿时期、婴儿时期的身体……在细胞尺度上，每个细胞都能追溯至你更早时期的身体，甚至可以连续追溯至胎儿时期、胚胎阶段，中间没有任何间断，每个细胞都来自它之前的细胞。那么，在受精卵之前呢？同样，我们会发现，这里也不存在界限。形成受精卵的卵子和精子，也就是你的开端，来自你父母的身体。然后对于卵子来说，它也可以连续追溯至你母亲更早期的身体，最终以同样的方式追溯至你外婆的身体、你外婆的母亲的身体、你外婆的外婆的身体……由此一直追溯至 30 多万年前的某位女性，她的母亲甚至并非智人，而是直立人。然后我们沿着进化路线，一路追溯至更早期的哺乳动物、两栖动物，直至简单的多细胞生物、单细胞生物，最终追溯至某个可能的、共同的单细胞祖先。

就像在每个人的一生中，自我永远是自我一样（从自我意识的角度来说），地球上那些万物生灵实际上也是一个单一的巨大生物体，这不仅体现在空间上，也体现在时间上。

因此，我们人类也存在着一种互补性：我们每个人既是一个独立的、鲜活的生命，又是地球生命这个单一实体中的一个微小单位。从这个角度来看，世代相传的人类，其实跟皮肤上脱落的细胞没什么区别。

第五章

分子尺度：人与世界的连接方式

我们呼出、吸入分子，分子在人体和外部世界流动。因此，并非只有体内的分子才是属于我们自己的分子。每个人都和地球生物体系保持着永久、直接的联系。

细胞学说坚信，所有生物都由细胞构成，所有细胞都来自先前的细胞。显微镜问世以后，人类第一次通过透镜观察到了组织结构，第一次看到了细胞的样子。自此以后，科学家们便将其确立为现代生物学的基本研究方法，即"西医"的基本理念。

　　那么在显微镜问世、细胞学说流行开来之前，我们是怎么认知生命的呢？在欧洲文化中，古希腊学者认为，身体构成并不是科学问题，而是哲学问题。根据当时哲学家们的推测，身体要么由不可分割的基本单元，也就是"原子"①组成，要么由一种可以无限分割下去的流体组成。由于人们无法从微观尺度上去寻找答案，这一哲学问题的争论持续了足足2000多年。

有了显微镜之后，我们就可以看到细胞壁（植物）和细胞膜（动物）了。事实上，它们看上去就像一个个空的、多边形盒子。如果你把盒子打碎，那你不会得到更小的盒子，而只能得到那些外壳的碎片。人们用这种方式确定了身体的基本特性：身体由那些不可分割的基本单元，也就是"原子"组合而成。人们之所以将其称为"细胞"，是因为它们长得很像僧侣或囚犯的牢房——一个有墙壁、有天花板、有地板，但没有任何家具的房间，而cell这个单词刚好也有"小囚室"的意思。如此一来，细胞学说便诞生了。

随着时间的推移，显微镜工作者们逐渐发现，将不同的化学物质涂在位于玻璃片上的组织上，可以对细胞的不同部分进行染色，从而观察到更多细节。这些染色剂（其中有不少直到今天仍在被广泛使用，比如我就常常会在病理分析过程中使用到它们）帮助我们看到了很多以前没见过的细胞亚结构，比如细胞核、线粒体、核糖体、高尔基体、内质网等。换句话说，

① 现代的"原子"和当时的"原子"不是同一概念。当时atom这个词指的是"不可分割的东西"。——译者注

我们开始有能力去分辨小囚室中的那些家具了。

如果这一发现顺序有所改变，如果我们在显微镜下看到的第一样东西不是细胞壁或细胞膜，而是细胞核，结局会有什么不同？如果真是这样，那早期的显微镜工作者可能会说："看！身体是由一种可以永远分割下去的流体组成的！"他们会看到这些小球——细胞核——悬浮在那里，然后将流体性作为身体的本质特性。在这段"或然历史"中，流体学说将会成为西医的基本范式。然后随着时间的推移，他们又会利用染色剂首次观察到细胞膜，但此时他们并不会改变想法，承认"我们错了，身体是由细胞构成的"，反而会说"哦，看啊，虽然身体是连续流体，但其中存在很多具有半渗透性的挡板"。

那么，到底哪种说法正确呢？身体到底是由离散的细胞构成的，还是由连续的流体构成的？这里我们再一次遇到了互补性。这两种不同的观点可以在不同角度上描述身体的真实情况，每种观点都能补充另一种观点所不具备的细节，每种观点也都缺少另一种观点所具备的细节。因此，对身体的完整理解要依赖两种看似彼此矛盾，但实际上同样重要的观点。

既然如此，哪些现象有可能是细胞学说难以解释，但其他学说（比如流体学说）较容易解释的呢？针灸就是一个潜在答案。医学专家们早就发现，在身体适当的穴位上扎针，可以减轻炎症，让肌肉停止痉挛，甚至还可以缓解疼痛、恶心等症状。虽然相关结论已经经过了大量测试和临床证明，但目前为止，解剖学和细胞学还无法充分解释其原理。从解剖学来看，这些穴位并不对应于任何神经、血管、淋巴管，或任何其他明显的解剖结构。另外，人们也没有在穴位上发现特定类型的细胞，所以细胞学也很难解释针灸的原理。不过流体学说似乎能够给我们带来新的见解。[1]

事实上，同现在全球流行的西医和西方科学相比，一个灵活认知身体特性的视角，或许能够帮助我们收获更多东西。我们不仅可以从细胞学说、流体学说的角度去思考，甚至可以从电磁场、量子场的角度去思考，这些互补性观点或许能够弥合西医与其他医学文化（比如南亚医学、藏医、中医、萨满巫医）之间在概念上、认知上的差异。复杂性理论可以帮助我们更深入地探讨这些想法。

"流动的"人体

如果细胞不是所有生命最基本的实体单元，那什么是呢？在更小的尺度上，身体的流动性给我们提供了一个答案：漂浮于水溶液中的分子。众所周知，细胞内外皆含有大量水分子，我们的身体简直可以说是由水分子组成的。不管是滋养人体组织的分子营养物，还是细胞代谢产生的分子废弃物，都要依赖流体的流动。生物分子的动态交互方式和排列方式也取决于它们是否悬浮在液体中。

这里还有一个例子：那些将细胞内外区分开来的细胞膜，实际上是由一种被称为磷脂的特殊分子构成的。磷脂的一端是极性的、亲水的，另一端则是像油或脂肪一样的非极性、疏水的脂质。这意味着前者易溶于水，后者难溶于水，但易溶于其他脂质。磷脂的整个构造就像一个球拖着两根迎风招展的飘带。

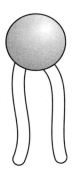

上图为磷脂，上方的"球"具有亲水性，下方的"飘带"具有疏水性。

我们很清楚把油倒进水中会发生什么：油具有疏水性，所以油和水会形成明显的分层。如果大力摇晃，那么水中可能会出现分散的油滴，或油中出现分散的水滴。

现在我们把一些细胞膜分子放入水中并搅拌，由于这些分子一端亲水，另一端疏水，所以它们会逐渐形成一个球状结构，亲水端全部朝外，溶于水中，疏水端全部朝内，形成一个排水的内部空腔。这个涌现现象的过程就是一种自组织过程，分子们会自发地把内外隔离开来。

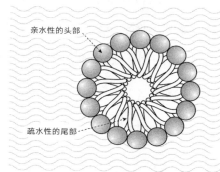

如果分子的数量足够多，它们就能形成磷脂双分子层。这个双分子层就是一个膜状结构：膜的两侧是亲水端，膜里面有两层紧挨着的疏水端，可以把水从中间排出去。

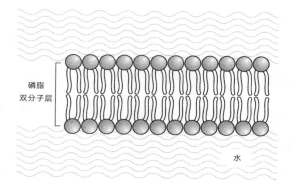

在未经任何刻意"设计"的情况下，这些分子经自组织过程形成了漂浮于水的膜状结构，既具有稳定性，又具有可变性。想要将细胞内外隔离开，它无疑是最理想的边界结构。

由此看来，大量分子似乎可以形成一个复杂性系统，但如果我们想确定这一点，就必须在分子尺度上找到淬致无序的痕迹。为此，我们需要研究一下布朗运动[1]——看看那些快速运动的水分子如何不断"轰击"漂浮于水中的其他分子。我们知道，水越热，水分子的动能就越大，运动速度也就越快，其他分子就更难以聚到一起。

不过，如果水的无序程度过高，那么水中的分子也无法产生自组织行为。所以我们需要找到某种机制，将淬致无序的程度降低到较小的、能够允许自组织过程和涌现现象产生的范围。

其实电影院的爆米花桶就可以给出答案——恰当的碰撞。一桶爆米花包含大量大小不一的颗粒，从最大的蓬松可口的颗粒，到最小的硬邦邦的根本没爆开的颗粒，可以说是应有尽有。即便是第一次去电影院的孩子，也能很快发现如何避免吃到那些没爆开的、能够硌掉牙的玉米粒：摇一摇爆米花桶就行了。不过不能太用力，这会导致爆米花乱飞；也不能太轻柔，这样

---

[1] 罗伯特·布朗是苏格兰植物学家，他在偶然间发现花粉粒在水上漂浮时会产生奇怪的运动。爱因斯坦在1905年发表的著名论文当中表示，这种奇怪的运动来自水分子对花粉的冲击。

一点用都没有。只有恰到好处地摇动爆米花桶，那些爆米花才有机会在桶里上下移动。因为大块爆米花之间的空隙是最大的，所以较小的爆米花会落在它们中间，然后更小的爆米花落在较小爆米花的中间……最终，它们会按个头大小分出层来，最小的爆米花落在最底部。看，只需要加上一点恰当的动能，混乱就可以诞生出秩序。

对于磷脂双分子层的情况来说，水分子在正常体温之下的动能就刚好可以为细胞膜分子提供恰当的碰撞，让它们形成膜状结构。

身体并非一台机器

17 世纪细胞学说兴起之后，西方科学认知人体本质的方式在工业革命时期又出现了一次根本性转变。科学技术和知识储备的爆炸性增长，促使大量新机器、新发明迅速问世，这些机器可以把其他形式的能量转换为机械能，从而解放人类劳力。这一发展过程给大多数人留下了一种根深蒂固的印象——身体在构造上和机器差不多（以后机器和人体会越来越像）。

直到今天，机器仍旧是生物学最为常见的类比方式，很多场景下细胞仍旧被比作成人体组织或人体器官的"积木"。组织工程学的整个研究领域都是建立在这种类比之上的。

可问题在于，细胞并不是一动不动的、可以堆叠的砖块。目前在人工创造活体组织或器官这一领域，最成功、最具可操作性的成果就是，取一块活体组织碎片或整个器官，去除多余的细胞，只留下最基础的生物分子支架，然后用新的人体细胞或动物细胞重新填充原始支架。这个原始支架可以为新移植的细胞提供正确的结构构造和分子线索，所以这些新细胞可以在交互过程中逐渐出现自组织行为，最终涌现出一个新的器官。"工程"或"积木堆叠"都无法准确描述这一整个过程。其实最恰当的词应该是"栽培"——我们的工作就是在分子环境中栽培一个健康的、复杂的细胞生态系统。[2]

大分子结合成"分子马达"（传统叫法）这一过程，实际上也跟机器的形象不太搭边。分子马达是一种分子复合体，它可以通过"在细胞质中移动细胞器""在躯体中移动细胞"等方式实现一些肢体运动。可是，它们真的像马达吗？

分子马达有一个典型的例子，那就是肌动蛋白和肌球蛋白的协作模式。这两种蛋白都是能够帮助肌肉实现收缩的大分子，肌细胞的细胞质中到处都是它们的身影。我在医学院求学的时候曾学过它们的工作原理，其实说起来非常简单：肌动蛋白丝又长又直，而肌球蛋白丝上有一个可以弯曲的肘状结构，其球状短臂与肌动蛋白结合在一起。运动时，一种被称为ATP（腺苷三磷酸）的能量分子会与肌球蛋白的肘部结合在一起。

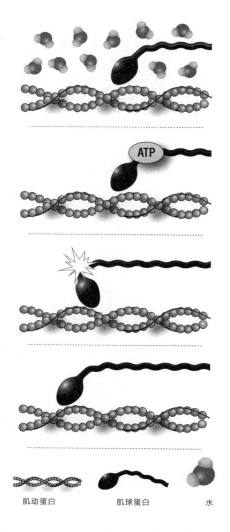

肌动蛋白　　　肌球蛋白　　　水

　　ATP 水解时，它会释放出能量，使肘状结构发生弯曲。能量消散后，肌球蛋白分子会恢复至非弯曲状态，此时它已经沿着肌动蛋白向前移动了一小段。一次又一次地重复下去，肌球蛋白就可以沿着肌动蛋白"行走"。某个肌细胞内，当数以千计的肌动蛋白-肌球蛋白组合同时重复这一运动、所有分子相互滑过时，整个细胞就会收缩。所有这些细胞一起收缩，整个肌肉就会跟着收缩，使得手指能够移动、心脏能够跳动、头部能够转动。

你现在是不是已经开始用手挠头了？

没错，就是这样，感受到肌肉运动了吗？

这无疑是一个不可思议的现象，但当日本生物物理学家柳田敏雄深入观察肌动蛋白-肌球蛋白的局部细节时，他发现了一些更为惊人的现象，一些和前面的机械化过程不一样的现象——这种现象有助于我们理解分子尺度上的复杂性。柳田敏雄设计了一个精巧的实验：在荧光显微镜下，他用"光镊"[1]（很酷的概念，对吧？）夹住了一根肌动蛋白丝，然后给与之对应的肌球蛋白做了荧光标记。如此一来，我们就可以实时观察肌球蛋白的微观运动，看看它是否接触到了肌动蛋白分子。

---

[1] 凭借光镊这项发明，阿瑟·阿什金成为 2018 年诺贝尔物理学奖的得主之一。

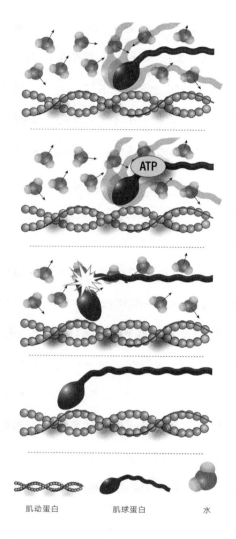

肌动蛋白　　　　　肌球蛋白　　　　　水

　　根据 ATP 作为动力的标准运动模型，人们会想当然地认为，既然大家已经根据肌细胞中的大量分子表现，总结出了它们的运动规律——ATP 结合、释放能量、肌球蛋白运动，那么单个的肌动蛋白-肌球蛋白对中也将会出现同样的现象。可事实恰恰相反，柳田敏雄的团队发现，在加入 ATP 之前，肌球蛋白丝的一端就已经"拴"在了与之对应的肌动蛋白丝上，在水分子的推搡之下，肌球蛋白会围绕接触点随机地、自由地运动——又是布朗运动！

加入 ATP 之后，它会与肌球蛋白结合并释放能量，直到这时肌球蛋白分子才开始沿着肌动蛋白有序爬行。换句话说，ATP 的能量恰到好处——不过这个能量并不是用来移动分子的，而是用来抵抗无序的布朗运动的。如此一来，才会出现定向运动。这就是分子尺度的一种机制：为了让复杂性系统正常运转，淬致无序会被"创造"出来。

事实上，很多"分子马达"中的互动能量来自水分子动能，而不是像人们通常认为的那样，来自 ATP 等能量输送分子。[①]这样的例子有很多，比如参与基因转录、蛋白质制造的分子对，以及参与细胞器在细胞质中的运动的分子对。在这些过程当中，能量分子所释放的能量都不会直接驱动分子运动，而是会间接地去限制布朗运动的无序程度，后者才是运动能量的真正来源。

上面这些例子应该可以很形象地说明，为什么自我调节的

---

① 虽然在现代生物学中，这些观点已经得到公认，但据我观察，它们并没有在医学院的生物学教学当中被普及。目前与我同龄的那些人所持有的观点，大部分都还停留在几十年前那个不甚精确的版本。

恒定体温对人体的生理机能如此重要——如果我们体温过低，那么我们就无法提供足够的动能去驱动前面那些分子生理机能，体内的分子也就无法经自组织过程形成鲜活的、正常运转的细胞，最终导致人体死亡。

另外，动能过高也会导致系统无法形成有序的自组织。发高烧之后，躯体会促使分子运动进入无序状态，而非有序状态。由于身体无法维持必要的结构（比如磷脂双分子层）或履行必要的职责（比如分子马达的运动），我们也会走向死亡。

正常体温的范围非常狭窄，只有在这个范围内，分子无序运动的能量与限制这种无序的能量才能达到平衡，生命才能维持下去。在分子尺度上，这种平衡为细胞或躯体的生存提供了安全而稳定的环境。

* * *

那么在分子尺度上，我们该如何界定身体和世界之间的界限？之前在细胞尺度上，我们曾将"自我存在"定义为构成它的"材料"。如果延续这一思路，那么在分子尺度上，我们身体的边界自然就是那些材料所能触及的最远处。

假设现在有个人生活在森林深处，利用大自然富饶的资源实现了自给自足：通过觅食、采集、打猎等活动，他可以获取所有必需的养分——食物、水分、空气中的营养分子。反过来，这个人所产生的分子废弃物（二氧化碳、汗水、尿液、粪便等）也会被森林回收，成为从单细胞生物至树木、动物等各种生物的营养源。由此可见，这个人不单单是生活在森林里的居民，他同时也是这片森林的一部分。

即便我们生活在城市里，那些高楼大厦、钢筋水泥也无法完全掩盖我们与世界之间的密切联系。我们不仅会呼出分子（二氧化碳），也会流出分子（水、信息素），排出分子（尿液、粪便）至身边环境当中。反过来看，我们会吃下那些最终会被分解成可吸收分子（蛋白质、碳水化合物、脂肪）的食物，吸入来自地球植物群的氧气分子，通过皮肤有目的地吸收一些分子（比如护肤品）。事实上，我们接触到的每个表面都存在可吸收分子，通过皮肤吸入分子已经成了日常生活的一部分。

你可能会觉得，分子只有在你体内才算是你自己的分子，但从互补性的角度来说，"我们自己的"分子与周边世界中的分子之间其实没有什么真正区别。这些分子会离开我们的身体，流向外部世界，再回到体内。就像细胞尺度一样，在分子尺度上，我们每个人也都和整个地球生物体系保持着永久、直接的连续性。

第六章

原子尺度：盖亚假说

地球是一个具有自我调节功能的有机体，适度的稳态使得
生命能够生存下来。人们以古希腊神话中大地女神的名字
将之命名为盖亚。

细胞并不是宇宙最基本的构成单元，分子当然也不是。因为我们知道，分子由可以形成自组织现象的原子组合而成，水分子、碳水化合物、蛋白质、脂肪、呼吸过程中的氧气和二氧化碳、肌动蛋白和肌球蛋白、ATP、RNA（核糖核酸）、DNA（脱氧核糖核酸）皆是如此。

　　就像细胞和分子一样，原子也满足自组织复杂性系统的所有规则：有大量的"组成部分"参与互动；互动过程受到正反馈与负反馈的制约（这里的反馈指的是所有化学定律）；每个原子或每一小群原子的行为都是局部的，没有谁能监测整个系统的状态（这里的系统指的是原子所在的整个分子）。

我们再来看看淬致无序的情况。原子的行为有时完全随机，比如气体中的原子或高温液体中的原子；有时又完全没有任何随机性，比如被"锁"在糖块、钻石等晶体中的原子；有时还会形成混沌系统，比如地球内核中不断旋转的熔融铁。不过，当原子通过化学键相互结合成分子时，我们就会看到前面提到过的有限随机。电子在结构化原子轨道中的行为、系统的温度和压力，以及原子之间的空间限制，都给原子之间的组合带来了很大限制，这些都是原子尺度下对随机性的一种约束。

在原子尺度下，我们的边界又在哪里呢？有些文章说，人体细胞每隔七年就彻底翻新一次，其实这个说法并不完全准确，因为有些细胞从不或很少分裂，所以它们在极长的时间内都不会更新换代。然而，即便是这些从不或很少分裂的细胞，也会不断更新它们内部的分子（所以原子也会更新）。[1] 因此，我们体内的大部分原子都会回到地球上，然后再回到体内，形成一个持续的循环。

难道说，我们只是分布在地球这块巨大岩石上面的一种生命？或者说，难道我们实际上就是地球本身？难道真实情况是

---

① 某些不会分裂，也不会复制 DNA 的细胞中存在例外情况，那些特殊的分子十分稳定，不会参与循环更新过程。

地球上的那些原子经自组织过程形成了一批批短暂的、来自原子物质、会变回原子物质的生命，可这些生命却误以为自己是彼此独立的、自给自足的个体？

随着观察尺度的不断缩小，"我们"这个概念的边界也在不断向外扩张。从互补性的角度来看，在原子尺度上，我们每个人既是独立的自我，又是能走动的、会说话的地球。

这一看法基本上是英国生物学家詹姆斯·拉夫洛克的"盖亚假说"的另一种表述方式。早在 20 世纪 70 年代初拉夫洛克就提出，我们可以在逻辑上、科学上将地球视为一个单一的生命体。[1] 当时很多人觉得他的假说是一种毫无根据的幻想，甚至还有人觉得这就是一个荒谬的笑话。尽管如此，拉夫洛克仍旧坚持己见，并想办法用计算机模型来展示同一星球上的有机物（生物）和无机物（非生物）如何通过自我调节、适应性的方式紧密联系在一起。

盖亚模型的初版由拉夫洛克与同事安德鲁·沃森合作完成。在该模型中，他们建立了一个简单的雏菊世界（Daisyworld），这个世界的温度由阳光和生长在星球表面的黑白雏菊共同调节。该模型发现，即便光照量发生了变化，行星的无机属性（比如温度）也可以在有机生物的影响下进入稳定振荡的平衡态。换句话说，面对不断变化的环境，这个星球可以实现自我适应和自我稳定。

初版雏菊世界的设计十分简单。其中黑雏菊更适合在凉爽的环境中生存，因为黑色能够帮助它们吸收更多阳光，温暖自己；白雏菊更适合在温暖的环境中生存，因为白色能够反射阳光，将自身温度降低到适宜范围。

拉夫洛克和沃森观察了两种雏菊数量随光照强度的变化情况，然后他们发现，雏菊仅凭自身就可以将星球温度调节至最佳范围——雏菊自始至终都覆盖着该星球，但黑白雏菊的比例发生了变化。温度越高，白雏菊越多，而白雏菊的增多很快就会让世界达到一个临界点，随后温度会开始下降，因为这些如今已经占据主导地位的白雏菊会将多出来的光照反射回去，而不是吸收进来。同样，一旦光照变弱、星球变冷，黑雏菊就会变多，它们会吸收热量，让世界重新变暖。

雏菊世界表明，地球上的有机成分和无机成分可以共同组成一个单一的、可以自我调节的生命系统。从宏观角度来看，雏菊世界似乎可以实时监测不断变化的光照，然后根据变化及时调节系统、稳定温度。可事实上，拉夫洛克和沃森并没有在模型中编入这种全球感应程序，也没有编入某个自上而下的监测体系。这些自我调节现象完全来自局部的、由小至大的互动，就像其他的复杂性系统一样。

不过雏菊世界并不能准确反映地球的情况，因为这个模型实在太简单了，它既没有大气层，也缺乏生物多样性，雏菊的死亡率和寿命也都固定不变，与地球的真实情况相去甚远。所以那些持反对观点的人认为，一旦向模型中加入更多环境细节——大气层、更多样化的植物种类、其他生物（比如食草动物和食肉动物）——雏菊世界就会失去稳定性。

可是他们错了。事实证明，系统中的生物越多样化，雏菊世界就越稳定，细节更丰富的实验只会进一步提高这个假说的准确性。后来，林恩·马古利斯[1]加入了拉夫洛克的工作——林恩·马古利斯是一位富有远见的生物学家，她在微生物学方面的专业知识与拉夫洛克在地球物理学方面的专业知识可以说相得益彰——两人不仅携手反驳了反对者的错误观点，还将盖亚假说扩展为一个完善的、成体系的研究领域。

距拉夫洛克首次提出盖亚假说已有 40 余年的今天，该假说成了一种主流观点——在气候分析和地球物理等领域，它甚至成了科学家们的创新引擎。

我们刚刚讨论的"原子地球"，其实和"盖亚地球"有很

---

[1] 早在和拉夫洛克展开合作之前，林恩·马古利斯在自己的研究领域中就已经是一个相当特立独行的人了。她是内共生学说的主要建构者，该学说描述了细胞质如何从细菌的合并中演化而来，例如，被某细胞吞噬的生物体会在其体内演变成线粒体和叶绿体。就像盖亚假说一样，内共生学说一开始也遭到了无情的嘲笑和抵制，但今天，该学说已经成为进化生物学不可或缺的基础理论。

多相似之处。比如，虽然原子是无机（非生物）结构，但通过各种规模的、无比复杂的自调节过程，原子成了所有有机结构的来源。最终，所有的有机结构又会通过生死循环过程回到原子尺度上，回到无机结构中，就像我们的身体最终会回归地球一样。

由此可见，有机物和无机物并非彼此分立，也并非相互排斥，它们是整个地球生命中呈互补关系的两个部分。

直到现在我都清楚地记得，我第一次切身认识到这些抽象概念的实际意义时，那种震撼人心的感受。2011 年，我正在观看火星探测器"好奇号"传回地球的首批图像。火星画面出现在屏幕上的一刹那，我突然想到了 NASA（美国国家航空航天局）的那些工程师和科学家，正是因为他们几十年的辛劳付出，我们才有了将好奇号发送至火星的惊人技术。1969 年，在黑白电视上见证人类登月时，10 岁的我正如现在一样心潮澎湃。就像几十年前一样，如今这些科学家的个人智慧和集体创造力仍旧让我激动不已，满怀崇敬。我为人类科学的成就和潜力感到骄傲和自豪。

不过，复杂性理论可以帮助我们看到人类中心主义的另一面。比如，我们可以看到这样一种互补性视角：过去的 35 亿年中，地球上的原子一直在慢慢地将自己组织成有机物和无机物的混合体，即盖亚。如今盖亚已经演化出了具有集体智慧的人类，在人类这种"工具"的帮助下，盖亚甚至已经有能力拍一拍好兄弟火星的肩膀，并将自己的原子延展过去。

在火星上，或太阳系某个隐秘的星球上，或许也有很多原子正在通过自组织过程形成各种各样的生命，它们在将来的某一天也有可能会主动过来拍拍地球的肩膀。也许，它们已经来过了。

第七章

亚原子尺度：奇特的量子世界

在量子世界的视角中，世界由各种可能性组合而成。只有在人们决定好观察时刻和观察角度的瞬间，世界才会"坍缩"成眼前的模样。

就像细胞和分子一样，原子也不是最基本的物质。事实上，原子由质子、中子、电子等拥有自组织行为的亚原子粒子构成，其中一些粒子又由其他亚原子粒子构成。总的来说，根据粒子物理学的标准模型，整个物质世界由 30 个 [①] 基本粒子组合而成。[②]

---

① 在较新的标准模型中，基本粒子一共有 61 种，其中夸克 36 种，轻子 12 种，胶子 8 种，W 玻色子 2 种，Z 玻色子 1 种，光子 1 种，希格斯玻色子 1 种（也有人认为基本粒子共有 62 种，即前面的 61 种再加上"引力子"，不过截至 2023 年，这种粒子仍旧只停留在理论当中）。原文对基本粒子的定义并不严谨。——译者注

② 虽然标准模型中的粒子总数具体取决于人们的计量方式，但通常来说人们会将总数定为 30。事实上，所谓的标准模型也并非绝对完整的模型，至少这个模型无法解释"暗物质"粒子是怎么回事。暗物质的存在可以从星系的运动模式中推断出来，因为它能通过引力效应与物质产生作用。目前暗物质粒子还无法用电磁学、强力、弱力、人类感官、望远镜等手段或设备直接检测到，所以我们才会把它们称为暗物质。

基本粒子具体有以下几种：轻子——比如携带电磁力的电子，以及质量极小的中微子（虽然中微子数量很多，但由于质量极小，大量中微子可以几乎不受阻碍地在宇宙中穿行）；介子[①]——强相互作用力将质子和中子束缚在原子核内，传递这种力的粒子就是介子；夸克——夸克是质子和中子的构成单位；胶子——胶子是另一种能够传递强相互作用力的粒子，它们可以将夸克束缚在各自的粒子之内；玻色子——弱相互作用力会引发放射性衰变（铀的衰变、为太阳提供动力的核聚变中，都可以看到弱相互作用力的身影），而玻色子是传递弱相互作用力的基本粒子；希格斯玻色子——又被称为上帝粒子[②]（或许是基本粒子中最为出名的一个），它可以解释质量的成因。在标准模型所预测的那些粒子中，希格斯玻色子是最后一个被发现的（就在本书出版的几年之前），它的发现进一步证实了该模型的一致性。

　　就像前面的分子和原子一样，这30个基本粒子也满足复杂性理论的四条规则。为了找到该尺度下的淬致无序，我们有必要介绍一下量子力学和根据量子力学所预测出来的那些奇怪现象，比如令人难以置信的波粒二象性。目前，波粒二象性已经

---

① 作者在介绍基本粒子时列出了介子，但介子并不是基本粒子。介子由夸克组合而成，后者是基本粒子。——译者注
② 很多物理学家认为，"上帝粒子"的叫法过分强调了它的重要性。事实上，虽然我们已经发现了希格斯玻色子，但仍然有很多力是标准模型无法解释的。随着物理学的发展，标准模型有可能被进一步扩充，甚至有可能被改写。——译者注

被著名的双缝干涉实验证实。

如果我们将一束电子（或光子、其他亚原子粒子）照射在屏幕上，屏幕就会变亮。在一束紧密聚焦的光束中，所有粒子都朝着同一方向运动，所以该光束可以在屏幕上形成一个紧密的点。如果聚焦程度较差，那光束就会较为分散，留下的点也就较为模糊。现在请你在脑海中想象这样一个场景：你能够亲眼看到每个电子的行为，它们就像一颗颗子弹，你可以根据它们的路径轻松判断落点。

接下来我们在光源和屏幕中间加入一个挡板，然后在挡板上开一条垂直的细缝。如果光束聚焦程度不高，那么从光源发出的光中就只有一小部分能够抵达屏幕，大部分光会被挡板挡住。我们很容易就能预测到屏幕上的图案——它会是一条细带。光的聚焦程度高一些，细带就会更亮；光的聚焦程度低一些，细带就会更模糊。

按照这个逻辑，如果挡板上的细缝从一条变成两条，那屏幕上的光带也会变成两条，对吧？

不是这样的。欢迎你来到诡异的量子世界。事实上，屏幕上不会出现两条竖直光带，而会出现"衍射图案"——一系列线条，每根线条都与挡板细缝平行。中间的线条最亮、最清晰，越往两侧走，线条越暗、越模糊。各线条中间是一片片的黑暗区域。这是怎么回事呢？

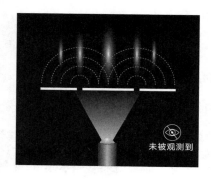

未被观测到

假设我们正站在池塘旁边，往池塘中扔了一颗石子。圆圈状的波浪会从石子落水处逐渐扩散开来，接连不断地与池塘墙壁相撞。其实波浪指的就是交替出现的波峰与波谷，前者是水波的最高点，后者是水波的最低点。现在假设我们扔的不是一颗石子，而是两颗位置不同的石子。这种情况下，波峰和波谷仍旧会不断地撞上池塘墙壁，不过在两股波流相互重叠或相互干扰的地方，我们会看到衍射图案。波峰重叠的地方会形成更大的波峰，波谷重叠的地方也会形成更深的波谷，而在波峰与波谷重叠的地方，二者会互相抵消。由此可见，在双缝实验中，光的行为不像子弹一样的粒子，反而像水一样的波。

什么情况？

在单缝实验中，光还像子弹一样打在屏幕上；在双缝实验中，光突然就像波了？这怎么可能呢？

或许是因为粒子在聚集成群时产生了波浪？毕竟水波也是由大量 H_2O 分子组成的。或许大量粒子的运动会形成一种波浪，就像 H_2O 分子在水波中的表现一样。真是这样的话，前面的问题就解决了。

每次只发射一个电子，可以很容易地验证这一推测。因为这样一来，每个电子的表现就应该会像子弹一样，要么穿过 A 缝，要么穿过 B 缝，然后打到屏幕上。经过一段时间之后，屏幕上大量的点就会累积成两条线。既然每次只发射一个电子，那电子就无法像水一样形成波，衍射图案也就不复存在了。

唉，想法很美好。可事实是，在这个单电子发射实验中，屏幕上仍旧会出现由一系列线条构成的衍射图案。换句话说，一个单一的电子，表现得居然像两股互相干扰的波一样！

从结果来看，每个单一的电子来到挡板的双缝前面时，似乎都会扩散成一个波，然后同时穿过两个狭缝，自己与自己干涉，在屏幕上形成一系列线条！显然，我们得好好想想这到底是怎么回事。

我们可以继续改进实验，在每条狭缝旁都装上探测器，观察每个电子到底是通过了一个狭缝还是两个狭缝。

可事情变得更加奇怪了。用探测器去观察单个电子行为的话，它又会像子弹一样，每次只通过一个狭缝，屏幕上的衍射图案也会消失，只出现两条亮线，和最初设想的完全一致。然而，在探测器关闭的那一刻——在失去了对电子的观察的那一刻——电子又会像波浪一样穿过两条狭缝，再次在屏幕上形成干涉图案。①

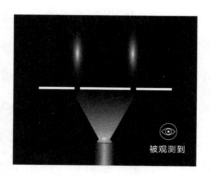

被观测到

如果我们反复开关探测器，那么实验结果也会反复改变——打开探测器，屏幕上有两条亮线，电子像子弹；关闭探

① 原文并未对"干涉"和"衍射"进行区分，翻译时遵循了原本的词语，但结合上下文来看，本章中的"干涉图案"和"衍射图案"其实指的是同一图案。从根本原理来说，干涉和衍射都是波的叠加，但一般情况下，我们会将有限个波的叠加称为干涉，将无限个波的叠加称为衍射，所以按照习惯来讲，杨氏双缝实验的图案属于干涉图案，而非衍射图案。——译者注

测器，屏幕上形成衍射条纹，电子像波。

这就是波粒二象性。无论是光子、电子，还是其他任何一种量子尺度的实体，它们具体表现出波动性还是粒子性，都取决于我们的观察方式。

虽然我们经常能看到"亚原子粒子"这种说法，但实际上这个词并不完全准确，它只是我们根据日常尺度的生活经验、受语言局限性而总结出来的词语。其实在量子尺度上，日常生活经验根本没什么用，与其把它们称为亚原子粒子，还不如把它们叫作"波粒"。不过，虽然这个别扭的叫法能够体现出粒子的二象性，但就像其他任何普通语言一样，它也无法充分捕捉到量子的特性。想要精确描述，我们只能用数学语言。尽管如此，事情看起来还是非常怪异。

埃尔温·薛定谔是量子物理学的奠基人之一，他发现粒子的波动性可以用一种被称为波函数的数学公式来描述。根据这些波函数我们可以发现，屏幕上的干涉条纹实际上反映了观察者眼中，波状粒子在空间中的分布概率。

在人们进行观测之前，电子就像空间中的一束波，波的起伏代表了它出现在某个位置的概率的大小。人们观测之后，它才会出现在具体的某个位置上，这种怪异现象就是我们所说的"波函数坍缩"。

由此可见，波函数就是量子尺度下的淬致无序。薛定谔的波函数拥有波峰和波谷，假设我们面前有个围绕原子运动的电子（它最可能出现的地方就是原子轨道），那么随着观察距离的拉远，波峰和波谷的振幅就会越来越小。其实这就像船尾的水波一样，距离越远，水波振幅越低。这意味着电子的位置并非完全随机，它出现在某处的概率会受到一定限制。

我们还可以用量子场论的语言去描述这些现象。前面在介绍量子物理时，我们以粒子为出发点，然后介绍了粒子的波动性。那如果我们以波动性作为出发点，会发生什么呢？这种情况下我们会把量子尺度的那些实体看作一个个遍及宇宙的场，场中能量的激发呈现波状。借助恰当的工具，我们可以感知到"粒子"，它们是波状能量中一个一个的小"波包"（或者说是波状能量的"量子"[①]），在那些能够感知到"粒子"的区域中，能量的激发最为明显。按照这种理论，"局部"与"全部"之间其实并没有太大区别。在量子世界中，所有"部分"——遍及宇宙的波状场——都像"整体"一样具有可延展性，所有事物都是其他事物的一部分。

这就是所谓的"非定域性"，它既是所有量子系统的标志之一，也是让爱因斯坦感到担忧的原因之一。在他看来，量子力

---

① 量子（quanta）这个词就是量子力学（quantum physics）这个名字的由来。

学实在过于依赖概率，这或许意味着量子力学存在很严重的缺陷。他曾说过这样一句十分著名的话："上帝不会掷色子。"[1]

在 1935 年的一篇合作论文中，为了抨击"局部即全部"的概念，爱因斯坦甚至将其戏称为"鬼魅般的超距作用"。[2]这篇论文的作者有三位，他们分别是爱因斯坦、鲍里斯·波多尔斯基、内森·罗森，三人共同在论文中提出了一个举世闻名的思想实验，即"EPR 佯谬"，其中的三个字母就是这三人姓氏的首字母。他们希望能够借助 EPR 佯谬向大家说明量子力学在某些特定情况下存在严重缺陷，于是他们从量子力学的基本理论出发，推导出这样一个矛盾结论：如果两个粒子诞生于某个单一量子事件，比如一个核子的衰变，那么这两个粒子就会形成"纠缠态"，这意味着哪怕这两个粒子分别处在宇宙的两端，它们也会具有"相互关联的"① 量子属性。

这一发现似乎意味着信息可以瞬间传递：如果我们测量一个粒子的某个属性，比如动量或位置，那么另一个粒子会瞬间呈现出与之关联的结果。② 然而根据爱因斯坦的相对论，光速是恒定不变的，且没有任何物体的速度能够超过光速，所以瞬时

---

① 作者在这里使用了"identical"（完全相同的、非常相似的）一词，但实际上对于相互纠缠的两个粒子来说，它们的量子属性处于一种相互关联的（correlated）状态。——译者注
② 原文为"the same outcome"（相同的结果），但实际上更准确地表述方式应为"the correlated outcome"（相互关联的结果）。——译者注

通信在理论上是不可能实现的。从这个矛盾的结论来看，EPR 佯谬给量子力学带来了一记致命的打击。

可惜爱因斯坦错了。不久之后，科学家们设计出了 EPR 佯谬的相关实验，结果发现量子纠缠和非定域性都是真实存在的物理现象，爱因斯坦的"批判"反而进一步证实了量子力学的怪诞性和一致性。相关的理论解释有很多，其中有一种理论认为，相互纠缠的"粒子"之间根本不存在所谓的距离，因为它们各自的量子场一直都处于相互重叠的状态。我们之所以觉得量子纠缠现象具有"非定域性"，是因为我们非要把它们当作粒子看待。

此外，如果这种非定域性是真实存在的，那么在量子力学的尺度上，我们身体的边界就已经远远超过了原子尺度的"盖亚边界"，达到了和宇宙同样大小的水平。换句话说，我们的身体无边无界。

意识与哥本哈根诠释

伟大的量子物理学家理查德·费曼曾经说过："我可以负责地告诉大家，没有人懂量子力学。"[3] 很显然，想要根据日常生活经验和"常识"去理解量子力学的深刻含义，无疑是一件极为困难的事。如果双缝实验的结果真的会受到观察者存在与否的影响，那按照这个逻辑，我们身边所有的事物都由量子尺度的事件组合而成，难道所有事物都不是实际存在的吗？难道说压根儿不存在一个独立于观察者而存在的、不受观察者意识影响的"客观世界"？这或许也是最令爱因斯坦感到困惑的问题。

在写给爱因斯坦的信件中，薛定谔提出了那个举世闻名的思想实验——"薛定谔的猫"。[4] 这一思想实验告诉我们，如果把量子世界和日常生活中的经典世界联系在一起，事情会变得越发怪异。

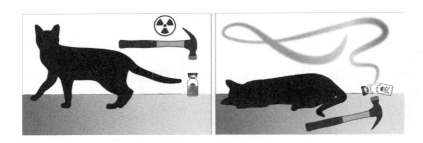

假设现在有一个盒子，盒子里有一只猫、一小瓶毒气、一把锤子，其中锤子受到缓慢衰变的放射性同位素的控制。如果同位素衰变了，那锤子就会掉下来砸碎小瓶子，释放毒气杀死猫。如果同位素没有衰变，那锤子就不会掉下来，猫也不会死。

这就是量子世界中最具有革命性的、最非同寻常的一个概念，即叠加态。双缝实验中我们曾问过这样一个问题：光到底是粒子还是波？现在我们可以回答说，在选择观测方法、进行实际观测之前，光处于粒子性和波动性的叠加态——两种特性都有可能会出现，只有在某位有意识的观察者进行观测之后，光才会具体表现出波动性或粒子性。

在薛定谔的思想实验中，放射性衰变也是一种量子现象，也具有不确定性——衰变和不衰变处于叠加态——直到观测的一瞬间我们才能知道结果。盒子打开前，我们不知道同位素是否已经衰变，所以也不知道猫是死是活。也就是说，猫的生死就像同位素的衰变一样处于一种叠加态。打开盒子之前，猫既是死的又是活的。由此可见，量子怪异性并不仅仅存在于量子世界，日常世界也会受到这种怪异性的影响，只有在有意识的观察者面前，"世界才会是这番模样"。目前已经有实验证实（放心，科学家们没有真的杀死猫），大于量子尺度的事物，比如大分子，也存在不确定性。或许在不远的将来，我们还会通过实验进一步证实病毒、细胞等更大的实体的不确定性。

由此可见，这个世界由各种可能性组合而成。在我们决定好观察时刻和观察角度的一瞬间，世界才会变成眼前的模样。

面对量子世界的怪异性，玻尔、海森伯，以及二者的学生们，甚至是马克斯·普朗克、薛定谔、其他同行，都同意前面这种解释，这就是所谓的"哥本哈根诠释"，其名字来自玻尔的家乡哥本哈根。

然而有很多物理学家并不同意哥本哈根诠释，爱因斯坦就是其中最有代表性的一位。不过我是认同这种解释的，至于为什么认同，我会在探索"意识"的章节中为大家详细说明。

有些人认为，现代科学进步的过程，其实就是人类逐渐发现自己并非万物中心的过程。比如最早人们觉得地球就是世界中心，但哥白尼认为太阳才是世界中心。后来进一步的天文研究表明，太阳也不是世界中心，银河系中还有大量和太阳相似的恒星，而且银河系也并非整个宇宙，它外面那些时空中还有无数个其他星系。达尔文认为，人类甚至不是独立于动物而存在的高级物种，跟那些飞禽走兽相比，我们并没有高它们一等。本质上来讲，我们只不过是一个狂妄的、试图站在集体之上把万物分个三六九等的生物。站在镜子面前[1]，我们总是觉得自己很特别。

不过，20世纪初，在哥本哈根的演讲厅、实验室中，人们再一次提高了"意识"[2]的地位，认为意识就是"存在"的核心。毕竟根据量子力学的理论，观察者的主观意识根本无法与实验对象、观察对象，以及观察带来的现实影响区分开来。普朗克曾说过："我认为意识就是根本，物质源于意识，我们无法抛开意识去看待其他东西。我们所谈论的所有事物，我们所认为的一切存在的事物，都以意识为基础。"

---

[1] 为了判断自我认知能力，人们设计出了"镜子测试"——看看动物是否有能力辨别自己在镜子中的影像。目前除人类之外，宽吻海豚、虎鲸、倭黑猩猩、红毛猩猩、黑猩猩、亚洲象、欧亚喜鹊、隆头清洁鱼等动物也成功通过了测试。

[2] 不局限于人类意识。

第八章

"全阶序"的宇宙框架

宇宙是一个巨大的、充满自组织行为的复杂系

学和相对论看似不可调和，但复杂科学或许能成为兼容

这两个理论的框架。

读到这里，你很可能会像我一样，自然而然地问出这样一个问题：我们的观察尺度还能继续缩小吗？标准模型中的 30 个[1]亚原子粒子是否真的是基本粒子？它们能否切割成更小的粒子？我们的观察极限在哪里？

　　虽然物理学家们对部分问题的答案达成了一致意见，但还有很多问题存在着较大分歧。比如，大家都同意，宇宙不会像"芝诺乌龟"[2]一样，可以无限细分下去。1899 年，普朗克根据

---

① 同前，在较新的标准模型中，基本粒子数量为 61。——译者注

② 原文为"turtles all the way down"，应该指的是芝诺悖论中的乌龟，该悖论探讨了数学极限的概念。——译者注

学界公认的物理常数，推导出时间和空间都有最小单位，不可能存在比最小单位还小的尺度。具体来说，这些常数反映出了不同物理属性之间的关系：第一个常数是光速，光速恒定是相对论的基础；第二个常数是"普朗克常数"，它将电磁辐射的能量子（一个光子）的能量与它的频率联系在一起；第三个常数是牛顿的引力常数，在万有引力公式（以及爱因斯坦的场方程公式）中，引力常数将质量和距离联系在一起；第四个常数是玻尔兹曼常数，它将气体的动能与热力学温度联系在一起。由此可见，时间和空间的最小单位本身也是常数，它们被统称为"普朗克单位"。

最小的空间单位是"普朗克长度"，其量级大约为 10^{-35} 米（略大于十亿乘十亿乘十亿乘十亿分之一米）。光走完这段距离所需要的时间就是最小的时间单位，即"普朗克时间"，其量级大约为 10^{-35} 秒（略小于万亿乘万亿乘万亿乘十亿乘十亿分之一秒）。这些数值对时空的性质、爱因斯坦在广义相对论中所描述的宇宙结构，以及我们对复杂性的理解和探索有着重要的影响。

爱因斯坦的广义相对论彻底改变了人们对"空间"的根本认知。在相对论问世之前，人们认为空间就是一个真空的区域，所有行星、恒星、星系全在这个空无一物的区域中运动。星际之间和星系之间那些广袤的区域中，只有来自恒星的光子、中微子，以及其他自由的亚原子粒子在迅速穿梭，除此之外再没有别的什么东西了。在这种观点中，引力被认为是一种像电磁波一样的、能够穿越虚空的力。

爱因斯坦并不认同这一观点。在他看来，空间并不是空无一物的真空，三维的空间和一维的时间全都是四维宇宙固有的结构，压根儿就不存在什么"空无一物的空间"，大质量宇宙结构之间的引力也没有穿过虚空。事实上，引力只是带质量的物体所引发的时空弯曲，广义相对论描述的也不是在空间中传播的引力，而是时空的曲率。

根据爱因斯坦的广义相对论，引力来自带质量物体所引发的时空弯曲。一个小质量物体之所以会受到引力的拖拽，是因为中间那个大质量物体让时空结构产生了弯曲，且物体的运动必须遵循时空结构。

目前来看，这些理论没有任何问题。可当我们试图把量子力学和广义相对论结合在一起时，矛盾出现了。爱因斯坦的广义相对论认为时空是连续平滑的，而普朗克通过计算发现时空是离散分立的。连续平滑的时空总是可以无限分割成越来越小的单位，但普朗克长度和普朗克时间表明，空间和时间都存在最小单位。前几代的物理学家之所以能够发现两个理论的相斥性，是因为他们很想把这两个无比精妙的理论合并成一个统一的"万有理论"。很可惜，无论是把量子力学应用到相对论尺度，还是把相对论应用到量子力学尺度，都会引发不可调和的矛盾，比如无限的质量、无限的大小、无限的速度。在一个由有限实体构成的宇宙中，我们的方程却得出了大量无限的结论，这怎么可能呢？我们肯定搞错了什么东西。

在探索万有理论的过程中，科学家们逐渐发现，相对论所认为的平滑连续的时空，其实只是一个近似结果，这一结果只能在大尺度上发挥作用。在量子尺度下，时空不是平滑的。哪怕我们找到了一块远离任何星系的、完全与光子或中微子等粒子隔离开的完美时空区域，这块区域也会存在不可预测的量子涨落。

大量实验已经证明，时空并不存在理想的真空区域，恰恰相反，时空的每个区域中都存在大量的能量涨落。此外，质能

方程 $E=mc^2$ 告诉我们，能量和质量是等价的，所以这些不断爆发的能量可以转化为夸克、轻子、玻色子，以及其他基本粒子的质量。[1]

"物质-反物质对"通常会伴随着能量涨落而出现。比如电子（物质）和正电子（反物质）会诞生于同一时刻，彼此接触之后又会瞬间湮灭，将自身质量转化为能量。如此一来，时空中的量子涨落就会导致一片持续沸腾的量子泡沫，泡沫中会不断冒出带有质量的物理实体，短暂出现之后，这些实体又会湮灭成能量。[1] 正如理查德·费曼所言："创造、湮灭、再创造、再湮灭，这简直是浪费时间嘛。"[2]

当然费曼只是在调侃，这一过程实际上有着非常重要的意义。有时候，这些最小的物理实体可以避免湮灭的命运，留住自身的质量，然后自由地与其他物理实体发生作用。就像其他尺度下的相互作用一样，这些相互作用也具有涌现现象，比如这会促使亚原子粒子形成原子，然后形成分子，经过神奇的自组织过程，它们又会逐渐形成太阳和行星，以及其他所有的星系，最终形成整个宇宙和世间万物。

---

① 除标准模型和量子场论之外，还有很多其他理论可以描述那些最小、最基本的量子实体，其中大部分理论都是科学家们在试图将量子力学与相对论统一到一起时所带来的产物，比如"弦理论"和"圈量子引力论"（loop quantum gravity，LQG），前者认为世界的基本单位是细小的、不断振动的弦，后者认为离散的空间本质上就是一个个连锁的"圈"。至于哪种理论能够成为万有理论，还有待时间的检验。

总之，时空结构中暗藏着不断沸腾的能量，这股能量最终演化出了整个世界。

量子力学的时空观和广义相对论的时空观有着很大的不同。从宏观角度来看（图片最下方），时空的确连续平滑，就像爱因斯坦的理论所描绘的那样。然而，随着视角的不断放大，我们会越来越接近微观世界，最终在普朗克尺度上，时空不再连续平滑，取而代之的是永不停歇的能量涨落。

到这里，我们的观察尺度已经来到了宇宙最小尺度，我们已经触及时空本身，触及神秘的量子泡沫。结果我们发现，宇宙中没有任何一个物体具有确切的、固有的存在性。

由此可见，虽然身体由细胞构成，细胞由分子构成，分子由原子构成，原子诞生于怪异的量子世界，但在最小的尺度上，也就是普朗克尺度上，那些最小的事物反而变成了没有部分的整体，它们就像幻影一样诞生于时空，再"溶解"于时空——既存在，又不存在。只有在"自我"的尺度上，事物看起来才像个事物，才是一个可识别的整体。在更大的尺度上，该事物会被上级尺度的涌现特性掩埋；在更小的尺度上，该事物又会从视野中消失，变成一种涌现现象。尽管每个实体都披着物质的、真实的表象，但这些表象都只存在于特定的、彼此互斥的视角。

总之，宇宙并非一个空盒子，我们的星系也并非悬浮于虚空当中。虽然我们觉得自己是有思想的特殊生物，在宇宙中独立于其他生命而存在，但从互补性的角度来看，我们并没有生活在宇宙中，我们就是宇宙——就像我们总是习惯性地认为自己是地球上的生命，但从互补性的角度来看，我们就是地球本身。

不管是凡人也好，伟人也罢，我们每个人的每个组成部分其实都来自量子泡沫，来自时空的固有特性。最终，在漫长的时间之后，我们都会回到宇宙的结构当中。

自组织行为的全阶序性质，复杂的宇宙

现在我们已经明白，作为万物构成的整体，宇宙本身就是一个巨大的、充满自组织行为的复杂性系统，其中所有现象本质上都是涌现现象，小到量子尺度下的时空细节，大到相对论尺度下的宇宙结构，所有事物背后都有复杂性的身影。虽然我们还没有找到一个能够将量子力学和相对论统一起来的、建立在数学语言之上的、真正的万有理论，但目前为止我们的旅程已经跨越了那些将两个理论分割开来的尺度，看到了一个能够兼容这两个理论的"整体框架"。

到底该如何称呼这一框架，其实是个很棘手的难题。一开始的时候，我们从身体尺度出发，一路向着其他更小的尺度"走下去"。这一过程既可以说是从大到小，也可以说是自上而下，意思都一样。另外，我们还将涌现现象看作一个"自下而上"的过程。所有这些词语都和"等级制度"相关，它们已经渗透到了整个分析过程当中。可事实上，"等级制度"的概念在这里并不完全准确。

在真正的等级制度中，各层级的成员彼此互斥，每层级的成员只属于该层级本身。可是在复杂性理论当中，各层级的界限其实并不十分清晰。只有在把事物视作统一的、单一的实体的情况下，我们才能够把某个事物归纳到特定尺度上。可实际

上，所有实体本身都只是"现象"，而每个现象都和其他尺度的现象密切相关。由此可见，将这些系统视作等级制度的产物，完全违背了互补性原理——从互补性的角度来看，"不同层级、不同尺度"不是彼此割裂的，而是彼此交融的，所有事物统一构成一个单一的整体。

"全阶序"（holarchy）这个词可以精准总结上述内容。在全阶序系统当中，各元素没有严格意义上的高低、上下、左右之分。全阶序中的成员可以被称为"全子"（holon），全子之间总是处于平等地位。比如，我们说光既是粒子又是波，此时我们并没有把某一性质置于另一性质之上。而且在日常生活尺度上，我们既无法感受到光的粒子性，也无法感受到光的波动性，此时光就仅仅是光而已。

同样，跟细胞相比，身体并不是什么"更高层级"的确切实物，分子也不是什么"更低层级"的东西。我们前面之所以把它们划分为不同尺度，只是为了方便描述，从而让大家能够更容易地站在复杂性理论的视角上去看待整个宇宙。从全阶序的角度来说，站在某个角度来看，身体是一个确切的、单一的整体；站在另一个角度来看，身体是一个细胞群落；站在第三个角度来看，身体又会是一大群分子的集合。

如果我们把宇宙看作一个统一的、巨大的、包含大量自组织现象的复杂性系统，那我们就必须考虑这样一个事实：对部分的描述就等同于对整体的描述。换句话说，我们的每个行动、每个决定、每个想法，都不仅仅属于我们自己，它们同时也是这个全阶序宇宙不可分割的一部分。由此看来，我举杯喝水，等于宇宙举杯喝水；我有鲜活的生命，等于宇宙也有鲜活的生命。一方面，我们是一个个彼此独立的、不相干的、不断追寻存在意义的生命；另一方面，我们每时每刻都是宇宙涌现现象的一种表现形式。

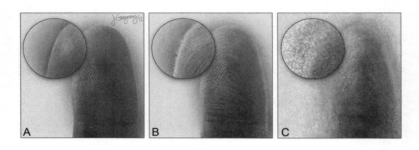

从全阶序的角度看待身体：上图展示了同一根手指的三个不同观察视角，第一张图是日常观察尺度，第二张图是细胞尺度，第三张图是分子尺度。尽管从表面上来看，这些视角存在"大小""高低"的关系，但从整体来看，这里只有一根手指。

　　你可能会反驳我，说事实并非如此，因为宇宙中存在很多彼此不同的、相互独立的生命系统或非生命系统。是的，你说得没错，然而这只是一种互补性观点，这种观点和"宇宙是一个单一的生命系统"的观点并不冲突。其实这就和我们看待身体的方式一样，尽管身体存在头发、软骨等非生命部位，但这并不妨碍我们在整体上将身体看作一个鲜活的、有机的生命。在无边无际的、非定域的量子尺度上，整体的生命属性已经超越了部分的特殊属性。没有纯粹的生命领域，也没有纯粹的非生命领域，有的只是生机勃勃的宇宙。

"我们是宇宙的一部分"这种观点已经算是老生常谈了。不过，尽管它非常容易理解，但实际应用起来却是非常困难的事。我们的日常生活经验、思维惯性，以及西方文化对唯物主义（物质是世界的基本成分，所有事物都是物质作用的结果）的固有认知，都会导致我们在思考问题时缺乏互补性视角。但通过复杂性理论我们发现，相对论和量子力学可以交织在一起，整体是真实存在的，部分也是真实存在的，这两种互补性的观点是平等的——虽然视角不同，但对于全面理解真实世界而言，二者都是不可或缺的。这种理念不仅存在于哲学、古代宗教、新时代神秘主义当中，同时也存在于以事实为依据的、现代化的科学理论当中。

意识与万物本源

第三部分

3

第九章

意识的来源

意识来自大脑吗？迄今为止，科学界仍未形成共识。但我们不妨将大脑看成思想的转换器，而非生成器，就和灯泡将电转换为光、温度计将温度转换为数字一样。

想明白宇宙和复杂性之间的关联之后，接下来的十年中，我一直都在为自己想出来的这一既简洁又巧妙的结论感到高兴而自豪。更令我感到惊喜的是，这一理论居然和我在禅修课程中学到的佛教思想有着异曲同工之妙。

　　对于世界的认知，佛教有三个很经典的概念：相互依存、诸事无常、万物皆空。其中相互依存反映了复杂性系统中各元素之间的密切关联性，所有的部分都会参与到相互作用中，只有这样它们才能涌现出整体，并不断影响整体；诸事无常意味着"大规模灭绝事件"的必然性；万物皆空指的是"自我存在的虚无性",这或许是最让刚入门的佛教徒感到头疼的概念:这本书、你我的身体、那些鸟、寺院的佛像,这些确切存在的事物怎么可能会没有独立的自我属性呢?不过在前文中我们已经明白,从复杂性的角度来看,任何尺度下都没有"确切存在的事物"。为了解释现实的真实性,复杂性理论会把万物视为过程、运动、流动、变化,这与佛教万物皆空的思想不谋而合。

可这仍然无法解释量子物理学家提出的"意识之谜",所以我们的探索还远未结束。佛教修行的核心就是通过沉思冥想来认知自我、认知思想的本质,我们绝对不能抛开意识避而不谈。正如普朗克所说,量子世界中主观与客观的界限十分模糊,"我们无法抛开意识去看待其他东西"。这句话的意思是,要么意识伴随时间、空间、物质、能量而产生,要么这一切都伴随着意识而产生。

复杂性理论似乎也会指向同样的结论。正如我们看到的那样:如果我是鲜活的生命,你是鲜活的生命,那整个宇宙不也是鲜活的生命吗?如果我有意识,你有意识,那整个宇宙不也是有意识的吗?既然如此,这个充满自组织现象的宇宙,到底有怎样的意识呢?

然而西方文化中流行着另一种观点:意识来自每个人的大脑,所以大家的意识彼此独立。这种观点如此根深蒂固,以至于逐渐变成了生活文化的一部分：你说了一句非常机智的话之后，别人常常会用手指一指自己的头部，以表示他们对你的智慧的赞赏——毕竟思维意识来自大脑。《绿野仙踪》中的稻草人为了表示自己对"思考能力"的渴望，唱出了这样的歌词："要是我有大脑该多好啊……"从小我们就被教导说，思考、思想、想法、意识，全都来自大脑，可事实真是如此吗？

我们会产生这种观点是很自然的事情，毕竟人体大部分感官都长在头上。感官和大脑毗邻，会让我们想当然地认为它们就在同一个位置。不过，也有很多文化认为意识来自身体的其他部位。在阿育吠陀文化、中美洲文化、古埃及文化中，人们认为意识来自心脏。就像在我们的文化中有时候会指着心脏来表达爱意或其他强烈情感一样，在他们的文化中人们会用拍打胸部的方式来表示激动人心的新思想。由此可见，虽然在提到和意识相关的概念时我们会本能地指向头部（大脑），但这并不能证明大脑就是意识的发源地。这一行为只是一种文化习俗而已。

还有一些文化，尤其是历史上那些通过冥想探索意识的文化，已经逐渐形成一套独特的、完善的、丰富的语言体系，以便描述不同形式的意识。比如在吠陀文化、湿婆教文化、佛教文化中，人们会通过冥想探索自我，换句话说，意识居然可以有辨别自我的能力。通过这些冥想和思考，这些文化诞生了大量独特的词语和表述方式，这些语言能够精确地描述意识的各个层次、各个部分。

这些探索意识的方法，其实有很多早就被引入西方文化了，日本禅宗的坐禅、东南亚宗教中的正念也是表现之一，但直到最近几十年它们才逐渐普及开来。因为它们还没能够深入到我们的语言文化，所以我们才没有足够丰富的英文词语去准确描述复杂的思想意识。比如英语中和"意识"（consciousness）意思相近的词很少很少，这些词之间的区别也并不明晰。尽管consciousness、mind、awareness、sentience 这几个词都或多或少地含有"意识"的意思，但谁能说清它们的用法到底有哪些不同？哪些情况下该使用哪些词语？

意识真的来自大脑吗

尽管和意识相关的词语较为匮乏，但人类在意识方面的科学研究却一直如火如荼。如今，在临床神经学、心理学、认知神经科学等领域，每年都会有源源不断的新证据，能够支持意识来自大脑这一观点。脑电图（EEG）、功能性磁共振成像（fMRI）等先进科技能够帮助我们实时观察一个处于思考过程中的大脑的生理细节。

这些生理学数据和临床观察结果帮助我们确立了"意识相关神经区（和意识关联性最强的那些大脑结构和大脑活动）"的范围。比如我们知道，当某人用眼睛看到图像时，甚至只是在睡梦中、想象中看到图像时，大脑的视皮质就会被激活。因此，视皮质的激活就属于"意识相关神经区"。

如今，我们对视觉信号的神经处理过程已经有了非常精确的了解，以至于我们甚至可以通过先进的大脑测绘技术去"读懂某人的思想"。比如，当实验对象"在心中"绘制出一幅图像时，这种技术就可以测绘大脑中的信号，然后给出该图像的模糊版本。

虽然这些研究报告以一种压倒性的姿态支持了意识来自大脑的观点，但我们仍旧无法盖棺定论。这是因为，这些案例和数据只能证明特定大脑活动和意识之间的相关性，可是相关性并不等于因果性，所以我们还不能确定是大脑活动造成了意识的出现。

我们再举个相关性的经典例子：每年夏天，戴太阳镜和吃冰激凌这两个行为之间都存在很强的相关性。这两个行为几乎总是同时出现，以至于有人会误以为其中一个行为的出现必然会造成另一个行为的出现。如果相关性等于因果性，那我们就必须认真思考，为什么戴太阳镜会促使人们渴望吃冰激凌，或者反过来，为什么吃冰激凌会促使人们对阳光变得敏感，而不得不戴上太阳镜。当然，这两种猜测都不正确。现实情况是这两种行为完全是其他事物引发的：夏日刺眼的阳光、炎热的天气会促使人们戴上太阳镜，同时吃更多的冰激凌。

由此可见，将相关性误认为因果性会导致很严重的谬误。

如果我们在探索意识来源时态度更严谨一些，那么为了不混淆相关性和因果性，我们就不得不对"意识相关神经区"给出两种猜测：第一种猜测是，意识的确来自大脑；第二种猜测是，意识和大脑活动是独立的，二者存在某些更基本的共同根源，就像夏日刺眼的阳光、炎热的天气是人们戴上太阳镜、吃更多冰激凌的共同根源一样。

如此看来，意识和大脑活动之间的因果关系仍未被确定。迄今为止，我们已经进行了数以千计的实验，但其中没有任何一个实验能够明确证明某一猜测比另一猜测更靠谱。

"困难问题"

迄今为止，科学界对意识起源问题仍未达成共识，于是哲学家们便大展拳脚，对意识的起源，以及意识和大脑的联系进行了相当深入的探讨。尽管意识问题仍旧属于较为特殊的科学问题，但哲学方法也能提供很多新的思路，甚至帮助、引导科学家们建立合理的假设，并对研究数据做出正确解释。

为了说明意识问题的困难程度，为了质疑"意识来自大脑"的合理性，哲学家大卫·查尔莫斯提出了"意识的困难问题"（hard problem of consciousness）的概念。该概念认为，即便"意识相关神经区"能够证明大脑的某些区域可以生产意识的某些信息内容，它也无法解释"感受"所带来的主观体验。

以遇到一朵玫瑰花时所产生的主观体验为例：看到它深红色的花瓣，闻到它的香味，感受到玫瑰刺所带来的疼痛。从科学的角度来说，我们知道玫瑰花气味分子进入鼻子的方式，知道它会刺激嗅觉神经，将信号传递给大脑，分辨出花的味道；我们也知道玫瑰颜色来自花瓣反射的某种频率的光，知道这些光进入眼睛的方式，知道它们会激活视网膜上的细胞以及分子颜色感受器，从而刺激视觉神经，将红色这个信息传达给视皮质；我们还知道皮肤中的触觉感受器会将伤口承受的物理效果转换为化学信号传递给大脑，让大脑分辨出"疼痛"的感觉。

可是这些电磁过程、化学过程、细胞机制都没办法解释红色、香甜的气味、疼痛这些鲜活的体验和感觉。我们不能简单地认为"意识相关神经区"就等同于我们的体验，因为这种观点只能解释大脑活动的生物物理过程，却无法解释这种过程之上的那些感觉如何产生、因何而产生。换句话说，它只能描述相关的客观物质事实，无法解释主观经验。

由此我们可以看到，意识本质上的确是一个"困难问题"，现有的"意识相关神经区"等研究手段和结果离真相还相去甚远。

意识的哲学分析

对于意识本质的认知，哲学上分成了几十个流派，但它们大体上可以归纳为以下三类：唯物主义、泛心论、唯心主义。[1]

"意识来自大脑"便是唯物主义的观点之一。唯物主义者认为，既然宇宙由物质、能量、质量、时间、空间构成，那么我们可以顺理成章地认为，世界上的一切，包括意识在内，都来自物质。和很多刚刚接触到复杂性理论的人一样，我第一次认识到涌现现象可以"凭空产生"时，也觉得这套理论可以用来解释意识。当时我甚至大胆猜测，虽然大脑由"机械化的"部分组合而成：电信号、分子、细胞、结构，但通过神奇的涌现现象，它们最终可以形成意识。

这和前面介绍的蚁群有点像：通过蚂蚁个体的相互作用，蚁群可以涌现出规模庞大的、极为复杂的组织结构。换句话说，

---

[1]　其实还有第四类，即"否认主义"（denialism），这种观点认为世界上根本不存在意识这种东西，我们的意识只是大脑制造出的一种错觉。不过这种观点又引出了一个新的问题：既然意识是错觉，那这种经历本质上到底是什么？

蚁群的整体大于其部分之和。唯物主义者认为，意识是大脑各个机械部分的涌现现象，大脑的整体也大于其部分之和。

第二类观点是泛心论。泛心主义者认为，意识是宇宙的一种先验属性，早在大脑形成之前，意识就已经存在了。近些年来，这一观点重新引起了人们的兴趣。该理论的一个变种观点认为，意识是所有生命的内在属性，同时也是可识别的最小生命单位的内在属性。从西方生物学的角度来看，这种最小生命单位就是细胞，所以按照这种说法，这些细胞也有基本的意识形式。

如果真的是这样，那人体意识就是这些细胞意识聚在一起之后形成的现象？[1]那些简单的单细胞意识真的能在自组装作用的影响下，形成更复杂的意识，就像细胞经自组织过程形成多细胞生物一样？如果答案是肯定的，那么"小意识组成大意识"这种模式是不是通用的？由彼此相互作用的生物组合而成的生态系统，是不是也具有意识？森林和珊瑚礁也有自我意识吗？盖亚生态系统有意识吗？如果有，我们人类意识是不是也参与其中了？如果真是这样，我们又怎么会有能力去分辨自己到底是否参与其中了呢？这些都是泛心主义者所要思考的问题。

---

[1] "基本意识如何组合成更复杂的意识"这一问题又被称为"组合问题"，它被认为是泛心论领域中最重要的问题，其重要性仅次于前面提到的"困难问题"。

泛心论还有一个更为极端的版本，这种观点认为标准模型中的亚原子粒子也有意识，尽管量子力学方程没有办法将其表示出来。或许意识也存在尚未被发现的基本传递粒子，就像光子是电磁辐射的传递者一样。按照这些泛心论的观点，那些没有生命但具有意识的量子尺度实体聚合成原子之后，这些原子是否会拥有稍复杂一些的意识？经过大量自组装过程之后，原子形成的分子是否具有再复杂一些的意识？分子形成的细胞是否具有更复杂的意识？人类、章鱼、大象、乌鸦的意识是否就是这么来的？这些都是泛心论中很有意思的问题。

就像唯物主义一样，所有版本的泛心论也都认为意识是复杂性系统经自组织过程而形成的一种涌现现象。区别在于，泛心论认为意识这种涌现现象并非来自大脑中的分子和细胞，而是来自相互作用的、本质上是一种实体的基本意识单元。

泛心主义者经常会遭到唯物主义者的嘲笑——按照泛心论的观点，石头或灯泡也有意识，电子似乎也可以进行"思考"。不过我认为，这些嘲笑都不算什么，真正的问题在于，这两种理论都不完整，都没能给"困难问题"一个完美的解释。泛心论的大多数版本，都只是把难题从大脑上转移到了其他地方，比如一路向下，转移到了细胞或基本粒子等已知事物上，或转移到了那些仍未被发现的基本意识单元上。但无论人们将意识起源归结到什么东西上，"困难问题"仍旧没能得到解决。

我以前也深入探究过这两种观点，甚至还和我的合作者、物理学家、宇宙学家梅纳斯·卡法托斯一起发表过和泛心论相关的论文。[1]发现这两种观点都不能解释"困难问题"之后，我又把目光放回到了之前觉得没什么希望的"唯心主义"上。

为了研究唯心主义，我们必须回到古希腊时代，看看以柏拉图为代表的那些哲学家的思想。柏拉图认为，就像屏幕上的影像一样，日常的物质现实世界只是一种投影，是一种比自己更完美、更真切的理想概念的不完美映射。这个原始、纯粹、真实的理想概念，就是所谓的"理型"（Form），相关理论就是所谓的"理型论"（platonic ideal）。理型是存在于思维理解中的对象，是最理想、最完美的实体，它是永恒的、不变的、绝对的。我们身边物质世界中的"形式"（form）则是理型的表现方式，它是可变的、非永恒的，能够通过感官感知到。

理型包括真、善、美、大、红等概念。虽然没有长得完全一样的苹果，但每个苹果都叫作苹果，它们都是苹果这个理型的映射。理型就是某个事物的手感、气味、口味等特征的集合。因此，唯心主义者认为，物质世界只是一种间接的、虚幻的、来自感官的体验和印象，真正的、直接的真实只存在于理型中，只有少数人（比如柏拉图）的思想能够和理型世界实现直接、亲密的接触。

虽然这种哲学观对于现代人来说显得有些陌生，但在整个西方文化史中，唯心主义一直都是哲学领域的主导思想。巴鲁赫·斯宾诺莎曾提出过"唯一实体"（one substance）的概念，他认为这唯一实体就是"上帝"或"自然"，是所有存在的来源与基础。继柏拉图之后，莱布尼茨、康德、黑格尔、叔本华、怀特海等著名哲学家也先后成为坚定的唯心主义者，他们认为整个世界都是发生在意识中的过程，普通人的思想会不可避免地存在缺陷与不足。终极的、绝对的理型所处的意识世界，已经超越了个体意识的极限。为了方便区分，我们可以将意识分为"大写意识"（Consciousness）和"小写意识"（consciousness），前者指的是先于物质世界而存在的意识，后者指的是个体体验到的、因人而异的感受。

我们可以用波浪和大海做类比。从冲浪者的角度来看，波浪似乎是独立的结构，大波浪是真实存在的东西——它既可以推动冲浪者前行，也能够将其淹没，顺便把冲浪板拍碎在岸边。可我们很清楚，波浪并不是一个个独立的实体，波浪的能量也与大海密不可分。如果冲浪者只靠一个单一的波浪前行，那他根本坚持不了多久，因为这个波浪很快就会回到大海的怀抱，回到整体之中。

类似地，从个人的头脑来看，个体意识是独特的、真实的，自我的。但站在唯心主义的角度来看，这种独立性只是一种幻觉，而不是一个具象的现实。就像前文中所遇到的那些问题一样，这种幻觉本质上也是一个视角的问题。

　　总之，从唯心主义的角度来看，包括身体、大脑、思想在内，整个宇宙都只是来自意识深处的一种表象。时间、空间、物质、能量、量子泡沫、所有的涌现现象和结构，都不具有内在的存在性，都只是建立在意识之上的一种体验。并非是大脑创造了意识，而是"大写意识"创造了宇宙。经过了数十亿年的演化之后，作为宇宙的一分子，我们的大脑涌现出了目前已知的最复杂的结构。由此可见，如果世间万物都只是"大写意识"的主观体验，那"什么创造了主观体验"这一"困难问题"也就不再是个问题，毕竟宇宙中根本不存在任何"大写意识的主观体验"之外的事物。

　　在当前这个时代，大多数人都认为，严谨的科学就是真理的最终解释，泛心论、唯心主义等纯属猜测的哲学观点虽然有趣，但早已过时，尤其是唯心主义这种可以追溯至柏拉图时代的思想。的确，就像那些坚持以科学事实为依据的人一样，我以前也是这么想的，但海森伯并不认可这种偏见："我认为现代物理学完全支持了柏拉图的观点。事实上，物质的最小单位并不是传统意义上的物理对象，而是一种'形式'。只有数学语言能够清晰准确地将其表示出来。"[2]

意识的转换

果真如此的话，我们该如何解释大脑中那些彼此密切关联的神经信号？目前我们能想到的最佳解释，就是不要把大脑看成思想的生成器，而是把大脑看成思想的转换器。转换器大家都见过，它可以接受某种输入，然后将其转换为另一种输出。比如灯泡就是一种转换器，它可以将电转换为光；温度计也是一种转换器，它可以把温度转换为数字。

就我们所探讨的主题来说，无线电是一个非常形象的例子。无处不在的无线电波可以被无线电天线进行采样，经过无线电接收器中的物理组件的处理之后，无限的无线电波就变成了有限的、明确的电波，通过扬声器之后就可以被听觉器官感触到，变成一种音乐体验。

根据唯心主义对存在性的认知，"意识相关神经区"并不是大脑创造意识的研究线索，而是大脑如何将大写意识转换成小写意识（属于每个独立的自我）的研究线索。无线电波不仅可以转换成声音，还可以转换成电脑屏幕上的光，以及其他形式的感官体验。类似地，不同类型的大脑也可以将大写意识转换成不同形式的小写意识，比如可以看到紫外线的蜜蜂的意识、可以通过手臂品尝味道的章鱼的意识、可以闻到丰富气味的狗的意识。

那结论到底是什么呢？总的来说，我们有三种截然不同的哲学观点可以解释意识，但其中不存在标准答案。科学数据不能给出定论，哲学分析也不能给出定论，我们能做的只有比较、对比。唉，怎么会这样呢？我们原本期待建立在事实经验之上的科学能够答疑解惑，原本期待哲学家们能够给出真相，可最后这团迷雾却越来越让人琢磨不透。

也许，我们没有答案，是因为问题仍旧处于探索过程当中？也许，几十年、几百年之后，科学将变得足够强大，可以轻松驱散掉这些哲学问题上面的迷雾？不过，如果真的想弄懂这个问题，我们就不得不认真反思，面对这个极为特殊的问题，当前的研究手段是否恰当。

我们不禁要问：当前的科学和哲学是否足够严谨？

第十章

维也纳学派与实证科学

工业革命开启之后，无数哲学家、科学家、社会学家试图向世人证明，实证科学和数理逻辑是我们理解世界的唯一途径。

习以为常会让我们忽略很多事物。鱼儿很难注意到身边的水，人类也很难注意到身边的空气，除非有风吹过。

在未来很长一段时间内，现代人都会把数理逻辑和实证科学当作探索真理的首要方法，当作研究存在性的唯一手段。哪怕是直觉或宗教信仰这样的东西，也几乎总是按照科学标准（或反科学的标准）而形成的。科学标准就像鱼儿身边的水、人类身边的空气。

当然，事情并非一向如此。在以前的欧洲文化中，经过了好几个世纪的争论之后，实证科学和数学才成功地反击了当时被普遍接纳的宗教"智慧"，向公众展示了宇宙真实的运转方式。那个年代，科学家们常常会因为发表了某些违背教义的实证研究结果，而遭到开除教籍甚至是死亡威胁（比如哥白尼）。虽然随着时代的发展，实证科学的说服力和可信度都得到了提高，但社会分裂程度和暴力事件却并没有因此而减少，反而在不断增加（可以参考达尔文的故事）。

科学变成真理象征的过程，并不是一个稳步前行的过程，而是一场断断续续的、磕磕绊绊的、计划之外的旅程。在长达数个世纪的转变过程中，有不少人都成为"跨阵营"的研究学者，其中最著名的大概就是牛顿：虽然他是微积分和万有引力理论的奠基人之一，但他在炼金术领域的论文数量要远远多于他在数学、科学领域的论文数量。

不过，天平的确在朝着科学的方向倾斜。随着工业革命的爆发，在整个 19 世纪当中，科学一直在蓬勃发展。细菌、电灯泡等科学发现和发明，生动形象地向人们展示了科学的可靠性和实用性。第一次世界大战来临之后，旧社会秩序逐渐瓦解，科学普及的速度也变得越来越快。

最终，奥地利维也纳孕育出了一场文化运动，这场运动最终成为现代世界观的重要起源之一。当时，中世纪的阶级制度（教会与贵族）正在让位于资本主义、共产主义、社会主义、法西斯主义。另外，现代艺术、音乐、写作也进入了繁荣发展的黄金时期。与此同时，在维也纳的某间办公室里，弗洛伊德正在奋笔疾书，为人类行为的解读提供一个全新视角；古斯塔夫·克里姆特与埃贡·席勒正在画纸上挥洒笔墨；古斯塔夫·马勒与阿诺尔德·勋伯格正在乐谱上绘制着一个个音符；罗伯特·穆齐尔与斯蒂芬·茨威格正在借由一篇篇文字针砭时弊。①

在这片思想的乐土之上，各领域的、有理想的思想者们聚到一起，试图以清晰具体的方式向大家证明，实证科学和数理逻辑是我们理解世界的唯一途径。这些哲学家、科学家、数学家、逻辑学家、政治社会学家后来被统称为维也纳学派。为了提倡一种被普遍认为是合理的、现代化的思维方式，他们试图彻底消除那些不科学的想法，消除前几个世纪流传下来的那些看上去不切实际的哲学观念。他们并不是想建立一个科学圈子，而是想把整个哲学体系向前推进到 20 世纪，让哲学尽可能地科学化。

维也纳学派由哲学家莫里茨·施利克、社会改革家奥托·诺伊拉特、数学家汉斯·哈恩建立于 1924 年。每周四的晚上，他

---

① 维也纳学派是一个绝佳的例子，它可以很好地说明复杂性和涌现性也存在于文化当中。每个时代、每座城市，都有可能突然迸发出惊人的创造性，比如 19 世纪末的巴黎、20 世纪五六十年代的纽约，均涌现出了大量极具艺术性的绘画创作。当然，就像其他复杂性现象一样，文化中的涌现现象也会在辉煌过后逐渐消亡（对应于复杂性理论中的"大规模灭绝"），同时也会留下一些新思想、新知识。

们都会在维也纳大学的某个小讲堂里举办研讨会，他们称自己是"逻辑实证主义者"。他们最关心的问题就是如何归纳科学知识的特征，以及如何理解数学的本质。他们还下了很大的功夫，试图将形而上学的东西从现代思想体系中剔除出去。

形而上学是哲学的一个研究领域，它主要关注那些物质存在性无法解答的问题。例如对死后生命的研究、对灵魂存在性的探讨、对神和女神的理解、对造物主的分析，都属于形而上学的猜测。

对意识的探讨不仅在现代属于形而上学的范畴，在古代它同样是一个形而上学的问题——在当时那个年代，源自古代遗迹或精神思想的教会教义，是人们探索意识的唯一手段。

维也纳学派非常想要打破中世纪思维模式的桎梏，所以在他们看来，一切和形而上学相关的东西都应该被否定。不能通过实证科学和数理逻辑解释清楚的东西，都是毫无价值的东西。这些人宣称某个事物属于形而上学，不仅意味着他们认为该事物是错的，更意味着他们觉得该事物没有任何意义，没有任何研究价值。如果学派成员正在激烈地讨论某个问题，那反对者只需高呼一句"你这是形而上学"，便可以让对方彻底哑火。

在维也纳学派的努力之下，科学和数学成为现代文化中探索真理的唯一方式。此外，实证科学的诸多成果——从抗生素、疫苗的研发到人们对其他星球的探索——也充分证明了科学方法的重要性和强大之处。

然而事实证明，维也纳学派的哲学观过于理想，过于天真，注定存在很大的局限性。

实证科学的局限性

就在维也纳学派四处举办会议、发表演说的时候，量子力学正在逐渐反映出实证科学的局限性。经验主义认为，知识全部来自现实世界的感官经验，理论或逻辑只是辅助手段。因此，建立在经验主义之上的实证科学，其发展全部来自各种能够体验真实世界的科学实验。大量实验数据会催生各种假说的建立，各种假说也要通过实验数据才能鉴别真伪。实验与理论交替反复的过程，就是科学进步的过程。

所有的这一切，都要依赖人们对世界进行客观测量的能力。进行研究的科学家是主体，被研究的事物（或过程）是客体，二者必须严格区分开来，客体不能受到来自主体的任何影响，只有这样，科学研究才能确保客观性和真实性。实证科学要求主体与客体之间必须存在明确的界限。

可是前面我们已经介绍过，量子力学中并不存在这种界限。

不可思议的是，据我所知，维也纳学派的成员们从未正视过量子力学对他们的哲学观所带来的巨大冲击。他们曾邀请玻尔和海森伯参加他们举办的国际会议，所以他们必然清楚量子力学取得了多大的成就，造成了多大的影响，发现了多么惊人的现象。可是在他们的著作当中，我们很少能够发现玻尔、海森伯的名字，也看不到多少和量子力学相关的内容。

可以肯定的是，维也纳学派必然会对普朗克、玻尔、海森伯等量子物理学家那些形而上学的思想产生深深的怀疑。这些物理学家甚至发出过这样的感慨：现实中根本不存在一个能够和人们的观察认知完全割裂开来的客观世界。这种观点不仅引起了维也纳学派的反感，同时也成为爱因斯坦担心量子力学存在漏洞的原因。

爱因斯坦认为，物理理论是对"客观世界"的描述，与人类意识不存在任何关联。无论我们是闭上了双眼，还是背过了身，甚至是去世，都不会影响"月亮围绕地球转动"这一客观事实。这是我们对现实世界最本能的看法。

可是，由玻尔和海森伯共同提出的哥本哈根诠释给出了不同的观点。他们认为，世界中根本没有严格意义上的"客观的"物质存在，有的只是各种各样的概率。在观察者介入测量的一刹那，这些概率才会坍缩为确定的事件。

维也纳学派之所以没有对哥本哈根诠释和海森伯不确定性

原理（在量子力学里，对某个物理量进行观察会影响到其他物理量）进行正面回应，或许是因为他们觉得爱因斯坦已经提出过质疑了，他们没必要赘述。不管具体原因如何，最终结果就是他们好像并不愿意用自己的学说去解释量子力学中的那些现象或问题。如今我们知道，就算他们想解释，他们也不可能比爱因斯坦表现得更好，毕竟量子力学为实证科学的研究范围设定了一个界限——在某些领域中，我们没有办法以绝对客观的方式去研究现实对象。

尽管维也纳学派为科学普及做出了很大的贡献，尽管实证科学取得了不计其数的科学成果，这种研究方式仍旧存在一定的局限性——量子力学为其设立了一条难以逾越的鸿沟。

第十一章

库尔特·哥德尔与形式逻辑的极限

我们无法用公理及定理描述整个宇宙，哥德尔重申了直觉
在科学探索中的重要地位和可靠性，让"利用哲学理解宇宙"
成为可能。

除了大力推广科学，力图将其变成探索真理的第一途径之外，维也纳学派还试图将数学、逻辑变成现代化的基本思考方式。可就像前者一样，后者也注定难以成功。

我们都知道数学。数学世界不仅有各种数字和运算规则，还有各种几何图形及其结构性质。虽然很多数学知识可以依靠死记硬背的方式来学习，比如乘法口诀表，但想要真正弄懂数字和理论，证明数学结论，我们就必须亲自走进形式逻辑的世界。

形式逻辑体系中有公理、定理两种表述，前者为已知事实或假定事实，后者则需要严格的证明才能成立。比如算数中存在一个基本的"等于公理"，即"对于任何数字变量或符号变量a，a=a"。由此我们可以得知 3=3，156033041=156033041。

还有一个基本公理是"对称公理"，即"等号两边的东西完全相同"。由此我们可以得知，如果 a=b，那么 b=a。此外还有"传递公理"，即"如果 a=b，且 b=c，那么 a=c"，其实这条公理和欧几里得提到的"几何一般概念"①是一回事：与同一事物相等的事物，彼此必然相等。这些表述都是公认的真理，不需要任何证明。

与公理不同，定理有可能是真的，也有可能是假的。定理就像科学理论中的假说一样，只有被证明后才能成立。一个表述完整的定理，就算看上去很像真的，人们也不能假设它就是真的。想要证明一个新定理，证明者就必须从该体系中的基础公理出发，然后沿着逻辑阶梯逐级上升，一步步证明。如果最终能够推导出该定理，那该定理就算得到了证明。反之，如果最终推导出了相反的结论，那该定理就被证明是错误的。

有些定理看起来明显是对的，但证明起来却非常困难。比如著名的哥德巴赫猜想：任一大于 2 的偶数，都可表示成两个质数之和。以数字 8 为例，8=3+5，而 3 与 5 都是质数。再如

① 欧几里得的"几何一般概念"一共有五条。——译者注

数字 144，它等于 97+47、103+41、139+5，后面 6 个数字都是质数。目前人们已经通过大量手算，证明了 100000 以内的偶数符合哥德巴赫猜想；在计算机的帮助下，我们甚至已经证明了 4×10^{17} 以内的偶数都符合哥德巴赫猜想。然而这些成果都不足以完全证明哥德巴赫猜想，我们所做的一切都只是有限的计算，但该猜想是无限的，我们无法确定是不是存在某个极大的、不符合哥德巴赫猜想的偶数。截至本书问世，该猜想仍未被证明。

1920 年，伟大的德国数学家戴维·希尔伯特详细列举了他所认为的、能够巩固数学大厦根基的那些最重要的问题，这一举动又被称为"希尔伯特计划"。具体来说，希尔伯特认为我们应该使用由数学符号构成的"形式化语言"去证明数学命题。希尔伯特表示，任何公理系统的成功和有效性，以及该系统下大多数定理的证明，都要建立在特定的标准之上。这些标准要保证系统内部的一致性，也就是说，该系统中不能存在悖论，不能存在某些既真又假的定理。此外，该系统还必须具有完备性，也就是说，对于该系统下每一个本身为真的表述，该系统都必须有办法证明其真实性，比如算数系统就必须有办法证明每一个真实的算数表述的真实性。一致性和完备性是一个成功的数学系统的两大标志。我们可以发现，维也纳学派的目标和希尔伯特计划的目标完全一致。

接下来我们要介绍一下库尔特·哥德尔——自亚里士多德之后最伟大的逻辑学家，甚至将其称为有史以来最伟大的逻辑学家也不为过。哥德尔个子不高，五官精致，面容清秀。维也纳学派的会议上，年纪轻轻的哥德尔安安静静地坐在后面，保留自己的意见，一言不发。此时的他已经养成了一个习惯：在把答案打磨到完美无瑕、无懈可击之前，绝对不发表任何意见或评论。我们可以想象一下他参加会议的画面：他会在暗中密切关注每一位与会者的言论，来回转动的头部就像钟摆一样。

我们甚至可以听到时钟的嘀嗒声，那正是维也纳学派落幕的倒计时。

哥德尔与维也纳学派

早在孩童时期，哥德尔就显现了他与众不同的一面。4 岁的时候他就得到了 "Herr Warum"（"好奇先生"）的外号。正如他的兄弟鲁迪在回忆时所说："他总是喜欢刨根问底，不把问题弄透彻誓不罢休。"[1]

成年之后，哥德尔如此向精神科医生①描述他小时候的样子："总是充满好奇心，喜欢质疑权威，凡事都想弄清来龙去

---

① 哥德尔曾患过抑郁症，后来因怀疑食物有毒绝食而死。——译者注

脉。"[2] 尽管他的激情最初来自科学，但实际上他在每门科目中都表现得十分出色，总是名列前茅。他曾在写给母亲的信中提及："我这辈子最大的理想（诞生于青春时期），就是能够持续获得认知的乐趣。"[3] 他的哥哥回忆说，在长达八年的拉丁语课程中，哥德尔是他们校史上唯一一位从未犯过任何语法错误的学生。[4] 14 岁的时候，他掌握的数学知识和哲学知识就已经超过了学校所能授予的极限，他不得不开始自己探索新的知识领域。

1924 年，18 岁的哥德尔离开了自己的出生地布尔诺，来到了维也纳，此时的他已经完全掌握了大学的数学知识。在维也纳大学求学时期的所见所闻，让哥德尔逐渐接受了"数学柏拉图主义"的思想。该思想认为，所谓的数学表达——数字、公式、几何——本质上属于柏拉图所定义的理型世界，而不是属于物质存在的世界。从这个角度来看，数学不只是人类"发明"的一种计数手段，它本身就是一个先于人类探索意识而存在的知识领域。换句话说，数学只能被人类发现，不能被人类发明。如此一来，欧式几何（包括勾股定理等方程在内）、牛顿提出的适用于流体力学的微积分、薛定谔提出的波函数、芒德布罗集都是发现，而非发明。

相反，在维也纳学派看来，数学中的数字和形式都是人类意识的逻辑创造，本质上就是发明，而非发现，它们只是一种用来描述现实物理世界的工具。所有的数学知识都是通过逻辑推理，从简单实数和简单几何学中衍生出来的。

1926 年，应导师汉斯·哈恩的邀请，哥德尔成为该学派的新成员。这是多么奇怪的巧合啊！坚信数学柏拉图主义的哥德尔，居然加入了思想和他完全对立的维也纳学派。不管怎么说，这个邀请总归是一种荣誉，毕竟这是对哥德尔过人智力的一种认可，要知道他当时只有 20 岁。

1930 年，在波罗的海沿岸的柯尼斯堡市举办的一场名为"精密科学的认知论"的重要学术会议上，哥德尔"轻描淡写"地向大家宣告了"不完备性的证明"，整个会场立刻炸了锅，维也纳学派的成员们全部目瞪口呆地看着他。

不完备性与数学直觉

希尔伯特计划想要顺利实现，就必须同时证明数学系统的完备性和一致性。就像《数学原理》①一书所描绘的那样，当时人们普遍认为希尔伯特计划最终一定能够实现，目前存在的那

---

① 《数学原理》是罗素和他的老师怀特海合著的一本书。该书的最初目标是彻底解决数学公理体系的一切问题，但他们写着写着就发现这项工作实在过于浩大，最终因"才思枯竭"没能完成这本著作。即便如此，已经完成的 3 卷内容也为数学的发展做出了堪称空前绝后的贡献。——译者注

些违背一致性的问题都是一些细枝末节，最终都可以被顺利解决。然而哥德尔提出的证明彻底粉碎了这种观点。

哥德尔那两个"不完备性定理"的证明堪称神来之笔，所有人都觉得，只有旷世奇才才能够拥有如此惊人的数学直觉。该证明的数学之美，完全可以媲美巴赫卡农曲的韵律之美、哥特式建筑的结构之美。哥德尔不完全性定理的证明远远超出了本书的范围，但我可以向大家展示一下该定理到底多么无可比拟，多么充满智慧。

凭借过人的数学直觉，哥德尔本能地认为，在以算数为基础的数学体系中，必定存在一些本身为真，但无法利用该体系中的公理或定理证明的命题。数学柏拉图主义认为，数学真理全部存在于"理型世界"，等待着人们去发现，但发现不一定意味着能够证明。"所有数学真理都能证明"只是那些狂妄自大的形式主义数学家一厢情愿的想法。换句话说，既然哥德尔证明了这个世界上的确存在不能被证明的真命题，那希尔伯特的观点自然就是错的：数学体系不能保证完备性。那么，哥德尔是怎么证明的呢？

哥德尔想到了一个极为巧妙的、被称为"哥德尔数"的办法：他利用 1~13 这 13 个数字代表 13 种逻辑符号（数学证明所必需的符号），然后设定了一套缜密的转换程序。这个办法不仅能够把完整的逻辑语句转换成一串数字，还能保证数字与逻辑语句之间存在单一的对应关系。换句话说，每个逻辑语句只对应于一个数字，反过来，每个数字也只对应于一个逻辑语句（逻辑语句由形式符号构成）。

通过这种转换关系，有序排列的数字可以同时具有数字关系和逻辑关系。由此可见，哥德尔的证明是一种元数学证明：这个证明所用到的东西，和它所要证明的东西，都是数字。数字不仅代表算数关系，也代表了逻辑推导。逻辑语句可以是关于数字的语句，反过来，数字也可以表达一种逻辑语句。哥德尔构造的这种"自指性"逻辑循环，就像一个永无尽头的莫比乌斯带。

如果你觉得这就是哥德尔的智力极限，那你可就错了。下面这一步才是他真正厉害的地方：他构建了一个读起来很绕的逻辑语句（该语句建立在形式符号之上，这些形式符号又能表示为"哥德尔数"），该语句翻译成中文大致就是："该命题无法在该系统内被证明。"

这是一个经典的悖论命题，该命题和流传了好几个世纪的埃庇米尼得斯悖论有很多相似之处。埃庇米尼得斯悖论可以归纳为一句话——埃庇米尼得斯表示"所有克里特岛人只会说谎话"，而埃庇米尼得斯自己也是克里特岛的居民。这个悖论的矛盾之处在于，如果这句话是真的，那埃庇米尼得斯就没有说谎，由此可以推断出这句话是假的。如果这句话是假的，那埃庇米尼得斯的确在说谎，由此可以推断出这句话是真的。[①] 如此绕来绕去，永远得不出一个结论。

还有另一个类似的悖论，叫"卡片悖论"，该悖论由数学家菲利普·乔丹提出，他是著名数学家伯特兰·罗素的学生。该悖论是这样说的：如果一个人先在纸的一面写上"另一面的话是假的"，然后在另一面写上"另一面的话是真的"，那我们的逻辑就会陷入无尽循环。

哥德尔不仅不惧怕悖论，甚至非常喜欢悖论。他论文中那个特殊的逻辑语句——该命题无法在该系统内被证明——就采取了和前述悖论类似的结构形式。如果该命题能在该系统内被证明，那它就是假的。反过来，如果它是假的，那它就不能被证明，但如此一来它就等于被证明了，所以它又是真的。

接下来，哥德尔设计了一个虽然简洁，但极为精巧的步骤。用科普作家詹姆斯·格雷克的话来说就是："哥德尔巧妙地构建了一个公式，该公式表明某个数字 x 是不可证明的。其实很简单，这种公式有无限多个，哥德尔只需证明在某些特定情况下，

---

① 其实这个悖论在形式上并不严谨，埃庇米尼得斯说谎，不意味着所有克里特岛人说谎。大家不必过分纠结。——译者注

x 刚好可以表示成这一公式。"[5]（该表述虽然简单清晰，但并不十分严谨）

　　哥德尔没有说明哪些命题具有这种自指特性，只是证明了一定存在某个可以表示该命题本身的哥德尔数 x。这一自指过程不仅构建了一个能够生成带有悖论性质的哥德尔数的算数方程，同时也证明了该命题是真命题，尽管这种证明无法通过一般的形式逻辑来实现。换句话说，这个悖论的可证明性只能来自正确的算数结果，无法来自一般的逻辑推导。

＊　　＊　　＊

　　现在我们跳过这些精妙绝伦的证明过程，直接给出证明结果。哥德尔第一不完全性定理表明，如果一个数学公理系统具有一致性，那它就不具有完备性。也就是说，该系统中一定存在某些本身为真，但无法用该系统的公理证明的真命题。某种程度上而言，哥德巴赫猜想或许就是一个"无法证明的真命题"（当然这只是猜测，目前我们还不知道该猜想能不能被证明）。哥德尔第二不完全性定理 ① 是第一不完全性定理的拓展，它表

----

① 柯尼斯堡市的会议上，哥德尔没有当场提出第二不完全性定理，不过两个定理是在同一篇论文中发表的。

明，任何一个完备的系统都无法在自身内证明它的一致性。

我们用更简洁的语言来总结一下：任何一个包含算数在内的形式系统，只要它具有一致性，那它就必然不具有完备性。只要它具有完备性，那它就必然不具有一致性。数学家们苦苦追求的"一致性与完备性的统一"，其实从一开始就不存在。

轰隆隆……

维也纳学派的信仰倒塌了，数理逻辑和实证科学那至高无上的地位也不复存在了。他们一直试图彻底关闭形而上学的大门，可现在连门框都被哥德尔炸没了。似乎只有形而上学和直觉，可以填补上那些令科学家和逻辑学家束手无策的空白。

形而上学和直觉

除了实证科学和形式逻辑之外，我们还可以依靠形而上学和直觉来认知真理。所谓直觉，指的就是灵光一现的洞察力。这种洞察力只存在于思想当中，无法被实证科学和形式逻辑表现出来。

利用不完全性定理——包括内容和证明——哥德尔肯定了直觉在数学中不可或缺的地位，向我们展示了某些无法通过逻辑形式、只能通过直觉等方法证明的真理。如此一来，逻辑实证主义的根本目标被彻底改写，直觉重新成为人们探索真理的可靠手段。实证科学或数理逻辑无法处理的难题，或许可以交给直觉来解决。

对于哥德尔来说，这些想法不仅仅停留在抽象层面。多年以后，美国数学家鲁迪·拉克向我们展示了哥德尔是如何描述数学直觉的："必须关闭其他感官才行，比如在一个幽静的环境中躺下……这种思考方式的最终目标，以及所有哲学思考的最终目标，都是'绝对感知'。"[6] 通过这种近乎"感觉剥夺"的方式，哥德尔得到了一种和视觉、嗅觉、味觉、听觉、触觉类似的感觉，这种感觉能够让他直接接触数学对象和数学过程。据哥德尔记载："尽管那种感觉和经典感官的感觉相去甚远，但它的确存在。我们在研究集合论时也遇到过某种类似于感知的东西，就是它帮助我们看出了公理的真理性。因此，我不认为我们有任何理由轻视数学直觉，没有任何理由认为数学直觉比感官感觉低一级。要知道，很多时候我们都是依托于直觉建立起了物理理论，然后再通过各种感官手段去验证它们。"[7]

"和经典感官的感觉相去甚远"，但仍旧属于"某种类似于感知的东西"，这简直就是维也纳学派口中的"形而上学"的最佳诠释。哥德尔不仅通过某种思维直觉确立了存在性的真理（具体来说是数学真理），同时也证明了一个事实，那就是人们无法通过形式逻辑本身去做到这一点。形而上学可以解决某些科学和逻辑无法解决的问题，尽管这一过程需要大量时间和精力。

由此可见，很多真命题无法在逻辑上被证明，这意味着有些数学真理独立于繁杂的数理逻辑和形式证明而存在。[①] 可以肯定的是，我们无法用公理及定理去描述整个宇宙，形式逻辑也无法成为衡量数学真理的最终标准。有些真理只能通过直觉去理解。

哥德尔不完全性定理的伟大意义不仅在于它在理论上否定了希尔伯特计划的某些条件，更在于它重申了直觉在科学理解中的重要地位和可靠性，让"利用哲学理解宇宙"变为可能（当然对于维也纳学派来说，这种哲学就是形而上学）。对于探索真理来说，合理的直觉和缜密的推测，现在不仅是一种可行的手段，甚至是一种必要的手段。

对哥德尔的回应

哥德尔的发现所带来的巨大冲击迅速穿过了维也纳学派，并扩散至整个数学界。听闻柯尼斯堡会议的消息之后，哥德尔的朋友马塞尔·纳特金立即从巴黎写信给他："我为你感到自

---

① 哥德尔不完全性定理只能说明某些真命题无法在该公理系统内部被证明，但事实上，这些真命题有可能在其他公理系统内被证明。哥德尔不完全性定理并没有推翻数理逻辑大厦，它只是描述了这座大厦的一些特点。——译者注

豪……你成功证明了希尔伯特公理系统存在不可弥合的缺陷。这绝对是一项重大发现。"[8]

但不是每个人都能立即理解这个证明，完全意识到其重要意义的人更是少之又少。哥德尔在柯尼斯堡发表演说的时候，现场听众中似乎只有冯·诺依曼大致理解了该证明的含义，所以他回去之后立即将这一成果分享给别人，自己也开始了进一步的深入研究。事实上，为了确保自己没有误解该证明，冯·诺依曼在散会后马上把哥德尔拉到角落里，不断询问该证明的细节和含义，直到彻底弄清为止。冯·诺依曼之所以能够迅速理解哥德尔的思想，或许是因为他早在会议之前就已经开始研究希尔伯特计划中的完备性问题了。

会议结束几个星期之后，冯·诺依曼写信给哥德尔，除了再次恭喜哥德尔取得"这些年最伟大的逻辑学成果"，他还提到了自己正在该成果的基础之上构思另一个"伟大"证明——他试图证明"数学系统没有办法证明自身的一致性"。[9]当然我们已经知道，很不凑巧的是，冯·诺依曼要证明的内容基本上就是哥德尔第二不完全性定理。但不管怎么说，冯·诺依曼也算是凭借自己的天赋"发现了该定理"。多年以后，在第一届阿尔伯特·爱因斯坦奖颁奖仪式上，冯·诺依曼一边为哥德尔颁奖，一边夸奖哥德尔的成就"独一无二，意义重大。他的成果堪称一座里程碑，这座里程碑将给人们带来极为深远的影响"。[10]

随着英国数学家、哲学家阿兰·图灵的工作的展开，哥德尔的研究成果立即展现了它的重要意义。图灵不仅完全理解了哥德尔的证明，还成功地将其发扬光大。具体来说，图灵利用哥德尔的思路，否定了希尔伯特计划中极为关键的第三条内容，即系统的可判定性——在弄清问题的答案之前，我们要有能力判定，我们能否在有限的时间内得出该问题的答案。为了研究"通用算法"问题，图灵设计了一个绝妙的思想实验，即"图灵机"。图灵机本质上就是哥德尔证明的一种阐释方式，只不过图灵机把哥德尔的形式符号和逻辑换成了一个带有自指性质的计算机器。

这个假想的图灵机不仅推翻了可判定性，还给那些被哥德尔证明弄得不知所措的形式主义数学家带来了进一步的打击。正如哥德尔本人所记载的那样："图灵做出这项重要成果之后，人们才真正明白，我的证明其实适用于每一个包含算术公理在内的数学形式系统。"[11]此外，图灵机还给当时新兴的计算机科学打下了坚实基础，如今计算机已经变成了现代生活的核心科技。

其实维也纳学派也曾试图想办法予以反击，但每次讨论都会不可避免地演变成一场"嗓门大战"，学派成员们只会用矛盾的语言相互攻击，没人能静下心来好好想想这一切到底是怎么回事。面对哲学和科学的改革，他们陷入了盲目的乐观，以至于他们根本无法接受相左的观点，也无法给出有力的反击。最终，两种观点的持续碰撞反而成为一个最好的证明——哥德尔所信奉的数学柏拉图主义完全可以在学术界占据一席之地。

维也纳学派思想的传播

现在问题来了：既然如此，为什么维也纳学派的思想还能够成为当代文化的主流思想？这种思想如何能够抵挡住量子力学和哥德尔不完全性定理所带来的冲击，并流传至今？

事实上，维也纳学派仍旧固执地认为，数学和科学是阐释真理的唯一途径。在物理学界内，以爱因斯坦为代表的物理学家们拒绝接受量子世界的怪异性，以及由此衍生出来的诸多结论，于是这个人群便成为维也纳学派思想茁壮成长的沃土。直到今天，这种思想仍旧广泛存在，尽管它没有明确的名字，甚至没有被物理学家意识到。持有这种思想的人仍旧坚信，有朝一日，他们一定能够找到某种可以超越哥本哈根诠释的解释方法。

更为夸张的是，维也纳学派思想在整个学术界都没有遭到质疑，这或许是因为逻辑实证主义者一直在努力宣传自己的思想。的确，早在哥德尔发表证明之前，这些人的观点和思想就已经通过各种学术会议、学术访问、学术期刊等方式，在欧洲和北美的学术界得到了广泛传播。此外，英国著名哲学家阿尔弗雷德·朱尔斯·艾耶尔花费了一年的时间去参加维也纳学派的各种会议，并在不久之后用英语出版了一本专门介绍维也纳学派思想的著作——《语言、真理与逻辑》。这本书很快便风靡整个以英语为主要语言的哲学界，并成为人们接触维也纳学派思想的启蒙读物（尽管在几十年之后艾耶尔承认这本书存在很多谬误，他本人也不再相信逻辑实证主义）。

由此可见，个人的误导和文化的盲目流行，导致维也纳学派思想的影响力不断扩大，并一直延续至今。维也纳学派思想的"邻近可能性"，可以孕育出非常骇人的结果。

纳粹德国的崛起，给奥地利的普通群众和学术群体带来了巨大影响。1933 年纳粹已经独揽大权，此时不管是犹太学者还是非犹太学者，都开始努力寻找国外的工作机会。

尽管法西斯的势力范围越来越广，但施利克教授并没有离开故土，而是选择继续领导自己所在的这个影响力越来越大的学术团体，带着大家不断前行。施利克深受学生的爱戴和同行的好评，他为人温文尔雅，分析问题细致入微，遇到有天赋的年轻学者时总是能够慧眼识人，并用最真诚的语言鼓励他们。

可惜的是，1936 年 6 月 22 日，他正爬楼梯准备给学生上课，一位癫狂的、曾上过施利克课程的学生用一颗子弹结束了他的生命。

这位杀人凶手给出了一大堆刺杀施利克的理由，比如他妄想施利克正在和他争夺一位年轻女子的爱情；他觉得施利克的哲学观是"堕落的、犹太的"（尽管施利克根本不是犹太人）。虽然理由都很荒谬，但当时大众的反应比这还要荒谬——他们把第二个理由看作"大德意志"文化运动的一场伟大胜利。两年后德奥合并，纳粹政府将这位杀人凶手从监狱里放了出来，并把他描述成一名英雄。伴随着诞生地奥地利的解体，伴随着心爱城市的湮灭，这个煊赫一时的、由大量思想精英组成的维也纳学派也迎来了分崩离析的结局。

早前爱因斯坦曾逃离德国，去往普林斯顿高等研究院，如今这座学院又积极地向哥德尔抛出了橄榄枝。最终在诚挚的劝说之下，哥德尔也离开了自己的故乡。当时是 1940 年初，对于一个德国公民来说，直接、安全地前往美国称得上是一项不可能完成的任务。无奈之下，哥德尔携妻子阿黛尔一起坐火车一路向东，穿过了已经被纳粹占领的波兰、立陶宛、拉脱维亚，然后在莫斯科转乘西伯利亚铁路。在这条漫长的铁路线上，他们穿过了长达 6000 英里（约 9656 千米）的冰天雪地，沿途满是荒芜。到达海参崴后，他们又乘船来到日本横滨，并在两周之后登上了开往旧金山的"克利夫兰总统号"，最后他们又乘坐火车跨过整个美国抵达纽约市。直到 1940 年 3 月，他们才辗转来到了普林斯顿。

哥德尔有很多同事也选择出逃避难，并在英国、瑞士、巴勒斯坦、中国、美国等地的著名学术机构的哲学系中找到了落脚之处。不过，虽然当初的维也纳学派如今已四分五裂，但这一结果反而扩大了他们的影响力，因为他们的活动范围已经从哲学圈子扩展至整个科学界。我们之前介绍过的、"混沌边缘"的共同发现者克里斯托弗·兰顿就是一个很好的例子。受到汉斯·赖兴巴赫（维也纳学派的德籍犹太裔成员，为躲避战乱进入加州大学洛杉矶分校）的某位狂热追随者的影响，兰顿逐渐把研究重心转移到了科学史和科学哲学上。就这样，分散在世界各地的维也纳学派成员，一代又一代地将学派的影响力传播下去，他们的哲学观甚至已经渗透到大众文化当中，成为一种"常识性偏见"。

其实从某种程度上而言，维也纳学派的观点刚好反映了 19 世纪到 20 世纪这段时间内公众意识的发展方向。毕竟那是一个科学大爆炸的年代，实证科学的硕果遍及生活的方方面面，比如各式各样的机器、五花八门的药品。在大部分人看来，仅凭科学就足以解释宇宙的一切，这是一个"显而易见的事实"。直到今天这种观点仍旧占据主流地位。

事实上，维也纳学派的思想远不止"常识性偏见"那么简单。他们对科学的拥护程度，已经达到了前无古人，后无来者的地步，他们执着地认为，科学理应，也必将成为探索物质存在的首要手段。当年的科学家们，以及那些科学家的学生，全都深受维也纳学派思想的影响。20世纪中叶，除了在理论物理这一晦涩艰深的领域中还面临量子怪异性的小小挑战外，维也纳学派已经成功实现了他们的最高目标：科学已经稳坐第一宝座，成为学术界，乃至整个人类社会的第一思维方式。

表面来看，20世纪下半叶，维也纳学派的影响力开始逐渐变弱，这或许是因为科学家们对科学哲学越来越不感兴趣，或许是因为逻辑实证主义者的思想实在太深入人心，以至于这些思想成为现代社会的基本构成，更多的宣传和普及已经没有什么实际意义。

从冯·诺依曼、图灵的时代到硅谷时代，逻辑学家和数学哲学家在计算科学和信息论中所做出的成果与预测，全都源自哥德尔口中的"数学直觉"。大家或许还记得，即便在这些领域，逻辑实证主义者仍旧充满野心，曾试图将数学彻底形式化，但更令人难忘的是，哥德尔用精巧的数学证明将这些人的野心打了个粉碎。如今，那些仍旧对维也纳学派思想感兴趣的人大多都是被这段厚重的历史吸引，而不是被该学派慷慨激昂的学术辩论吸引，毕竟该学派的观点已经过于陈旧，跟不上时代的发展了。

哥德尔抵达普林斯顿之后

哥德尔在普林斯顿度过了一段非同寻常的时光。

来到普林斯顿之后，哥德尔很快就与爱因斯坦成了亲密无间的好朋友。普林斯顿高等研究院为哥德尔安排的办公室就在爱因斯坦办公室的正上方。或许是因为位置的原因，这两位天资卓越、与众不同的天才不久之后就熟络了起来，人们经常看到二人形影不离地边走边聊，每天都有讨论不完的话题。

事实上，爱因斯坦比哥德尔大了几十岁，名气也比哥德尔大很多，毕竟那个时候他已经享誉全球。另外爱因斯坦的个子也比哥德尔高一些，总是一副邋邋遢遢、不修边幅的样子，喜欢在乱蓬蓬的头发上戴一顶针织帽，冬天经常披着一件宽大的外套。可哥德尔不一样，他总是西装革履，外面套上一件得体的大衣，出门前一定要把头发梳得整整齐齐，然后再戴上一顶非常显气质的卷檐软呢帽，在领带的衬托下，整个人显得潇洒又精神。另外两个人的性格也是天差地别，爱因斯坦天生外向，晚年把大部分心思都放在了培养学术人才上面，而哥德尔总是一丝不苟，沉默寡言。爱因斯坦经历过两次婚姻，第一任妻子是才华横溢的米列娃·玛丽克，目前史学界正在研究她是否为相对论的诞生做出过贡献；第二任妻子是他的表姐爱尔莎·爱因斯坦，尽管爱因斯坦一而再、再而三地频繁出轨，但爱尔莎一直都是他忠贞不贰的后盾。但哥德尔不一样，尽管遭到了家人的强烈反对（理由是阿黛尔比哥德尔大 7 岁，而且在维也纳的夜总会以跳舞为生。不过后来阿黛尔离开了夜总会，成为一名按摩师），但他仍旧选择和阿黛尔结为连理，直到终老。

如此天差地别的两个人，却成为情同手足的忘年交。无论刮风下雨，无论严寒酷暑，两个人总是一起上班，再一起从办公室回家，在爱因斯坦去世之前的几年当中，两个人简直是难舍难分的精神伴侣。经济学家、博弈论共同创始人（另一位是冯·诺依曼）奥斯卡·莫根施特恩如此回忆当年的时光："爱因斯坦经常跟我说，他晚年的时候简直离不开哥德尔的陪伴，隔三岔五就要去找哥德尔讨论问题。有一次他甚至跟我说，他自己的工作已经没有什么意义了，他之所以还要来研究院上班，只是为了 'um das Privileg zu haben, mit Gödel zu Fuss nach Hause gehen zu dürfen'（大意为 '享受和哥德尔一起下班回家的时光'）。"[12] 莫根施特恩之后又补充道："爱因斯坦对哥德尔的欣赏和认可已经超越了一切。"[13]

该研究院的另一位物理学家弗里曼·戴森回忆说："哥德尔是……这些同事当中唯一一个能够和爱因斯坦一起散步、对谈如流的人。"[14] 哥德尔自己这样描绘他和爱因斯坦的关系："我们的讨论主要围绕哲学、物理、政治等话题展开……我也常常思考，爱因斯坦为何如此享受我们的谈话，我相信其中肯定有这样一个原因，那就是虽然我的观点经常和他相反，但我总是直言不讳。"[15]

爱因斯坦于 1955 年 4 月去世，比哥德尔早了几十年——对哥德尔来说这无疑是一个巨大的损失。爱因斯坦离世后，哥德尔身边只剩下了妻子阿黛尔和好友莫根施特恩。哥德尔这一生曾多次遭受抑郁症和妄想症等精神疾病的折磨。后来阿黛尔因病住院 7 个月，哥德尔陷入了深深的孤独。再加上每天都担心阿黛尔的病情，他的精神状态开始持续恶化。没有阿黛尔在身边照顾，哥德尔的恐惧和妄想已经发展到了不受控制的程度。最终，哥德尔因怀疑食物被人下毒而长期拒绝进食，并于 1978年 1 月死于营养不良。

哥德尔给我们带来的一些启示

我们一定要记住，虽然哥德尔通过柏拉图式的数学直觉取得了重要成果，但数学直觉并不是探索物质存在性的唯一手段，没有任何证据能够表明其他种类的直觉不能用来感悟真理。

哥德尔那过人的直觉全部来自个人思考和感悟，换句话说，全部来自思想经验，而非物质经验。对于我们个人而言，洞察力，或者更准确地说，来自深度思考的思想经验，也是理论构建的一种重要来源。无论是躺在沙发上置身数学理型世界的哥德尔，还是坐在蒲团上面壁沉思的禅修者，无论是在恒河岸边冥想的瑜伽士，还是喝下死藤水举行通灵仪式的亚马孙萨满，都是思考、感悟的一种体现，具体形式并不重要。

1963 年，哥德尔记载了他的数学工作给其他类型的直觉带来的影响。在给母亲的信中他这样写道："我的证明早晚都会给宗教带来实质性影响，毕竟二者有很多相通的地方。"[16] 虽然哥德尔看不起宗教的某些教义，但他也不认为宗教没有存在的意义："即便是今天的哲学研究，对理解这些［宗教］也没什么太大帮助，毕竟这些哲学家中有 90% 的人把'剔除人们的宗教信仰'看作自己的首要任务。从这个角度来说，这些人的思想和'异端邪说'没什么区别。"[17]

虽然相对论、量子力学、复杂性理论已经成为现代人理解世界存在性的最先进理论，但这些实证科学理论仍旧存在局限性——它们无法脱离外部世界，独立阐释内在含义。量子物理学家们指出了实证科学存在上限，因为主体和客体无法明确区分开来。后来哥德尔又在单纯的逻辑形式、实证科学之外给出了另一种理解宇宙的方法。

虽然本书为了探索复杂性理论，将大量时间花费在了科学分析之上，但遇到量子力学和哥德尔之后我们便会发现，想要全面理解世界的本质，形而上学不仅是重要的方法，也是必要的途径。

第十二章

基础意识理论

宇宙自身及宇宙所包含的一切，都是意识的载体与呈现方式。宇宙并非冰冷无情、死气沉沉，我们每个个体也并非微不足道、孑然一身。

哥德尔的事迹告诉我们，沉思可以带来很多形而上学的感悟，面对这些感悟，我们不仅要胆大，还要心细。沉淀成一番见解之后，我们便可以用自己的视角去探索现代科学中最大的难题之一，即意识。

　　沉思绝不拘泥于形式。有人认为沉思应当"专一"，注意力应当集中在某个特定的对象之上，比如一个词（例如真言）、一幅画面（例如曼荼罗、神灵画像）。也有些人认为沉思应当"无拘无束"，所有感官都要处于开放、放松的状态，注意力千万不能被特定事物影响（例如不能产生"鸟儿的叫声真动听"之类的愉悦感，也不能产生"汽车鸣笛声真烦人"之类的厌恶感）。其实不管采用哪种方法，只要坚持下去，形成习惯，那么在一段时间（比如几周、几月、几年）之后，你就一定能够达到深度沉思的境界。

经验丰富的冥想者可以通过沉思获得来自心灵的原始直觉，其方式和哥德尔感悟数学直觉的方式差不多。尽管大多数唯物主义科学家和哲学家不认可这种方式，但我觉得由此得到的感悟也应该被视为意识研究领域的宝贵数据——这种数据和利用科技观察到的数据（比如利用显微镜观察到的细胞结构、利用高能对撞机观察到的亚原子粒子）没有什么区别。

目前已经有一些思想开放的科学家和哲学家开始饶有兴趣地分析这些冥想数据，其中有些人甚至已经开始亲自冥想，并将感悟纳入自己的科学观。不过大多数人仍旧对冥想缺乏了解，所以这些人也不会将冥想感悟视为研究数据。这种过时的观点，其实就是当年维也纳学派对"形而上学"的蔑视的翻版，这就像色盲人士告诉非色盲人士世界上没有红色这种颜色一样。严格来讲，前者甚至根本不会说出这样的话，因为他们的认知里从来都没有"红色"的概念。

沉思和感悟的一些注意事项

当然，在分析冥想感悟这种数据之前，我们必然会面临方法论问题。我们能随便相信第一人称的叙述吗？如何辨别一段陈述到底是可验证的真理的主观体验，还是胡思乱想？

想要同时接纳科学和冥想，我们就必须时刻保持警惕，时刻保持怀疑的眼光。哪怕冥想体验是如此栩栩如生，哪怕冥想颠覆了我们的根本认知，我们也不能随意相信。就算我在禅修时得到了意义非凡的感悟，就算这些感悟直接与佛教宗旨相契合，我也得小心谨慎，反思一下这种感悟是不是来自佛教经典给我带来的确认偏误[①]。为了将错觉和科学数据严格区分开来，我们必须设立一个行之有效的评估标准，用它来反复检验个人感悟的可靠性。

首先，个人感悟必须具有一定的深度以及可复现性，一次性的感悟是无法被接受的，无论这种感悟多么震撼，多么"真实"；其次，这种感悟必须能够通过别人的评估，这里的"别人"最好是一位长期进行同类型冥想的、颇有心得的"师父"。在不同文化中，评估者与被评估者的关系可以是大师–弟子、老师–学生、师父–徒弟、导师–门生等。从这个角度来看，冥想训练和科学训练没有什么太大区别。这一切都依赖经验丰富的专家与初窥门径的新手之间的直接交流，以及知识的代代相

---

① 确认偏误，指为了支持已有的观点，选择性地回忆有利细节，忽略不利细节的行为倾向。——译者注

传，用禅宗的话来说就是"心灵的传递"。

通过冥想获取知识

刚开始研究复杂性理论如何解释宇宙的自组织过程的时候，我吃惊地发现，宇宙的复杂结构和过程，居然与传统的神秘主义有着千丝万缕的联系。最神奇的是，我发现犹太教、印度宗教、佛教在思想上有很多相通之处。遇到物理学家、数学家、宇宙学家梅纳斯·卡法托斯之后（如今他正与我一起研究意识问题），他肯定了这三个宗教之间的相似性，同时他还补充说，克什米尔湿婆派也算是这个大家族中的一员。

需要说明的是，这四个宗教并不是我们精挑细选出来的，我们之所以研究它们，只是出于学术兴趣，以及对它们比较熟悉。这个世界上当然还有很多其他宗教和信仰，我希望你可以挑几个你熟悉的，思考一下它们之间在观点和认知上的相似之处。

虽然这些宗教信仰在某些方面极为相似，但它们在其他方面却有着很大的不同，这些差异很大程度上来自各宗教所追寻的根本问题的不同，这些问题的答案则构成了各个宗教的核心框架。比如佛教追寻的问题是"人类痛苦的根源来自何处，我们是否可以找到行之有效的办法来结束痛苦"；犹太教关心的问题是"神如何创造宇宙,宇宙如何演化、维系下去"。

前面我们说过,用语言表达感悟时一定要小心谨慎。通过冥想得到的感悟并不仅仅是一种抽象概念,冥想者向其他没有得到感悟的人表达自己的感悟时,语言总会造成一些损失。换句话说,把感悟转换成某种表述方式时——无论这种方式是语言、图形、还是数学——总会有部分感悟无法被精准表达出来。

尽管那种感悟是如此难以言表,我们也要大胆尝试,并仔细推敲自己使用的文字。所以接下来,为了把这些传统宗教放到现代科学的语境当中,我会尝试给出一些并不完全精准的词语或图像,毕竟也没有其他更好的方法了。

尽管各宗教信仰的出发点不同,思想不同,所使用的语言和符号也不同,但它们最终都指向了相似甚至相同的观点或结论——它们对物质存在性的认知与复杂性理论如出一辙,对宇宙的自组织现象、全阶序性、互补性的阐释也是出奇一致。

创造、意识

梅纳斯·卡法托斯和我的目标,是把现代科学中的复杂性理论和西方哲学思想融合到一起,构建一个完整的宇宙模型,并想办法回答意识背后的"困难问题"。模型所涉及的每个传统宗教信仰都给这一目标带来了具体的、有用的东西。

在研究物质存在性的过程中，梅纳斯和我找出了这四个宗教信仰和复杂性理论的共同点，并由此发现了意识在宇宙中发挥作用的方式。

佛教：清净心

在对宇宙的理解上，佛教有许多理念都和复杂性理论相吻合。如前所述，佛教对宇宙有三个直接的认知，即相互依存、诸事无常、万物皆空，它们和复杂性、互补性、全阶序性其实大同小异。

佛陀（假设他真的存在）之所以苦思冥想，探索现实世界的本质，是为了减轻痛苦。他认为所有痛苦都来自欲望和憎恨。如果万物皆空，也就是所有东西都没有内在存在性，那欲望和憎恨也就无从谈起。当然，根据佛教史料和现代佛教徒的调查，这种表面上的概念并不足以让欲望和憎恨消失——只有真正悟到了万物皆空的含义，人们才能做到这一点。作为一名修行者，我自己也体悟过万物皆空的状态（可惜只是初窥门径）。

所以就物质存在性而言，佛教和科学并没有站在对立面，反而在重要的细节上极为相似。佛教可以为冥想者提供另一个观察视角，帮助他们从另一个角度认知问题，甚至悟出天机一般的真理，哥德尔就是一个例子，可惜这种天才科学家实在太少太少了。

在佛教当中，心灵最深处是感悟诞生的地方，这个地方具有一种原初的自然性，这里可以孕育思想，启迪心灵，所以有些佛教徒也会将其称为"清净心"。在最理想的冥想状态中，一个人的心灵会突破身体和思想的束缚，与某种更大的甚至是无限的东西连接在一起。

这就好比你在探索山洞时，发现了几汪清池，虽然它们看起来彼此独立，但潜入水中你就会发现，它们实际上是一大片连在一起的水系。表面上的水波，实际上反映了隐藏在下方的巨大水系。

由此可见，在冥想者的内心中，"大写意识"就像"地下水系"（一种常见的比喻），而水系中或急或缓的波浪，则代表了个人的小写意识。[①]

卢里亚卡巴拉学派：潜在的创造性

卢里亚卡巴拉学派是犹太教神秘主义中的一个重要思想学派，它的名字来自16世纪的一位拉比——艾萨克·卢里亚。该

[①] 去世后，我们的小写意识会回到水系当中，回到它出现的地方。不只是刻苦修行的人能感受到"清净心"，某些拥有濒死体验的人也能感受到它。事实上，只要你有过这种体验，哪怕只有一次，它就能影响你的一生，帮你"净化"那些凡俗琐事所带来的烦恼。这便是修行佛教的主要目的之一——通过冥想感悟来减轻痛苦。

学派所探索的问题是，上帝如何在"太初"创造宇宙，如何在接下来的每一刻维持宇宙运转。深度冥想时，我们会达到一个和佛教类似的、充满光的原初境界，这一境界的希伯来语是Eyn Sof，本意为"没有尽头"，即无限。卢里亚卡巴拉学派十分看重这一境界所蕴含的创造性，用哲学家、神学家保罗·蒂利希的话来说，它就是"万物存在的基础"[1]。在通往该境界的冥想过程中，人们可以逐渐发挥自己的创造力，同上帝一起，将世间万物提炼成更完美、更纯粹的东西。

为了完整描述这一过程，卡巴拉学派的神秘主义者详细列出了一张被称为"四世界"的图，就像复杂性理论中的全阶序一样，该图中的各个"世界"也具有全阶序性质。

虽然这四个世界的名字极为神秘，但某种程度上而言，它们和现代科学对事物存在性的认知出奇一致。第一个世界叫作Atzilut，即"Eyn Sof 的流溢"。怎么样，这个词是不是能够让你想起真空中的量子泡沫？下面一层的世界被称为Briyah，即"创造"，它对应着量子泡沫中的"第一批互动"所带来的"第一批事物"，即标准模型中的基本粒子，或量子场论中的场。再下面一层的世界被称为Yetzirah，即"形成"，它对应着基本粒子或场的相互作用，这些作用最终形成了原子和分子。最下面一层世界被称为Assiyah，即"行动"，与之对应的，是日常生活尺度的那些事物——所有生命都实现了它们潜在的创造性。由此可见，这四个世界代表了创造的不同阶段，就像量子尺度、原子尺度、化学反应尺度、生命活动尺度代表了自组织过程的不同阶段一样。需要注意的是，最终由万物构成的宇宙并没有和 Eyn Sof 脱离联系。在这个全阶序的体系当中，所有事物都可以代表整体，所有尺度都可以无缝衔接，上帝的神性存在于每一个细节当中。

总之，卡巴拉学派为我们绘制出了一幅详尽的图像，这幅图像不仅说明了宇宙在"原初时刻"所蕴含的创造性，还向我们展示了这种创造性随时间的演变过程。另外值得称赞的是，在没有任何科学实验的情况下，这些人仅凭思考和冥想就得出了较为清晰的图像。更难能可贵的是，通过不同的语言视角和文化视角，这幅图像得到了和科学真理相同的结论。[1]

其实 Eyn Sof 和佛教中的、由大写意识构成的理型世界很像，它们都能孕育出思想和感悟，都能解释个人的小写意识和终极的大写意识之间的关系，以及二者的形成过程。对于卡巴拉学派来说，创造和意识结合在一起，就是万物存在性的终极答案。

---

[1] 四世界理论隶属于卡巴拉学派的质点（sephirot）理论，受篇幅所限，本书难以展示该理论的完整内容。不过相关研究和介绍已经被翻译成了多种文字，在本书最后面的"延伸阅读"部分，我会给大家列出一些拓展内容。

吠檀多不二论：非二元性

在印度的诸多宗教当中，吠檀多尤为引人注目。吠檀多是源自古代《吠陀经》的一种宗教学说和修行指导。吠檀多认为存在性可以分为两类：第一类是"大梵天"（Brahman），它指的是万物终极的、唯一的实在性；第二类是"自在天"（Ishwara），它指的是物质世界的表象存在性。二者的关系和卡巴拉学派中 Eyn Sof 与四世界的关系有点像。

这一宗教思想给非二元论带来了新的见解。大梵天是非二元性的["不二性"（Advaita）]，这种状态下，主体与客体之间没有分别，观察者与被观察者之间也没有界限，不同特征只是同一原始存在的不同表现。这种同一性不能靠思辨体验到，只能通过冥想直接体验到。

与之相反，自在天是二元性的，是我们对世界的普通体验。这种状态下，主体与客体之间存在界限，观察者独立于被观察者而存在。"我"观察的是"那个"，"你"观察的是"这个"。二元论以一种互补性的视角描述了我们的宇宙，就像光学中的波粒二象性、相对论中的质能二元性、光与暗、男与女、美与丑、生与死的二元性一样。

吠檀多对意识的阐释和佛教、卡巴拉学派差不多，大梵天也是一个纯粹的、永恒的、光明的境界。不过大梵天格外强调了意识的绝对性、非二元性——大梵天中只有完美的意识，主体和客体是一回事，最终存在的只有大写意识本身。早上刚睡醒的那一瞬间，你或许能体会到一点点大梵天的含义：在注意到那些思想活动和身体知觉之前，你就已经意识到自己醒了，可事实上那些思想活动和身体知觉才是"自我"意识的来源。

克什米尔湿婆派：宇宙起源

湿婆教是印度教的主要教派之一，它非常详细地探讨了二元论和非二元论之间的界限所在。湿婆教徒认为世界上存在多种"塔特瓦"（tattva，梵语单词，大意为"万物存在的原则、过程、形式"），其中有5种"纯（pure）塔特瓦"可以详细解释在非二元意识这个基础上，主体和客体如何分割开来。[①]湿婆教最关心的问题之一，就是非二元的大写意识世界，如何显化为二元宇宙。

该理论体系极为复杂，这里我们只做最简单的介绍：最初，主体的"我"，和客体的"那个"，都是完整统一的意识之中的一种潜在可能；然后，经过朦胧的变化过程，"我"的概念越来越明显，但仍旧处于完整统一的意识之中；紧接着，在进一步的变化之后，"那个"的概念开始显现出来，但同样，它也没有

———————————

① 这很像卡巴拉学派中的"Eyn Sof 的流溢"。

脱离完整统一的意识；第四步，二者的概念进一步显化，但仍旧是一个统一体；第五步，伴随着主体、客体的完全分离，二元性也在这一刻被创造出来。

在我看来，该教派的理论可以进一步简化，它大体上可以这样理解（或许有些过度简化）：一个人采取实际行动前，他就有了行动的意图，而在意图明确之前，他心里也早已有了一种原始的冲动。这种冲动会以一种难以言表的方式，从无意识的虚无当中显现出来，进入个人意识。

也就是说，行动之前其实早已发生了很多事情，只是我们不太知道而已。

*　*　*

总之，通过不同类型的冥想和思考，这些传统宗教得出了彼此互补的观点，并不约而同地指出，世上有某些超越物质存在性的东西，这些东西甚至先于量子泡沫而存在。此外，这些宗教都涉及大写意识，都认为那是一个光明的、蕴含创造性的、由统一的纯粹意识组成的领域。在统一的整体下，它又会分化为主体和客体，显现出表象存在性。

这四种宗教对宇宙的认知，以及复杂性理论对宇宙的认知，其实有点像盲人摸象：摸到大象鼻子的人认为大象像蛇；摸到大象腿的人认为大象像树；摸到大象身体的人认为大象像墙；摸到大象尾巴的人认为大象像鞭子。同样，对于现实存在性来说，每种研究理论、每种文化思想、每个问题的答案，都只是一个片面的认知，都无法完整地诠释宇宙。

梅纳斯·卡法托斯和我发现，这四种形而上学的宗教思想不仅彼此兼容，同时也和复杂性理论相互兼容，这些"鼻子、腿、身体、尾巴"可以拼凑在一起，共同揭示出大写意识——万物存在的基础，故也可将其称为"基础意识"——的奥秘。

综合视角：基础意识

综上可见，人类对现实存在性的认知分为三个重要的流派——实证科学（复杂性理论）、哲学（唯心主义）、形而上学（佛教、卡巴拉学派、吠檀多、湿婆教）。把这些思想综合在一起我们就会发现，柏拉图口中的理型世界，就是这些宗教所提到的、由纯粹意识构成的非二元世界，就是主体、客体二元性出现之前的那个基础意识世界。

湿婆教对主客体分离过程的详尽描述、对二元性诞生过程的精确认知，补全了整个创造过程中的关键一环。"分离"意味着分开，意味着距离的产生。空间出现了距离，时间出现了距离，所以时空诞生了，创造过程也开始了。二元性取代了非二元性，演化出了万物的存在。

正如我们所看到的那样，时空中的真空区域并非真的空空如也，因为里面蕴含着大量能量，这些能量又激发了量子泡沫。通过相互作用，量子泡沫中的各个实体又会形成自组织现象，最终涌现出亚原子粒子、原子、分子、整个宇宙。

将这些形而上学的观点纳入整体框架，我们得到了一个更加清晰、更加全面的宇宙模型：宇宙具有全阶序性，以及自组织性，它是活的，有意识的，它诞生于意识本身，诞生于一个统一的、非二元的、纯粹的意识世界。

宇宙是自身的第一个主体，也是自身的第一个客体。基础意识世界所蕴含的无限创造力，让宇宙有了认知自我的能力。建立在亚伯拉罕诸教之上的一神教认为，原初意识领域反映了上帝最真实的存在，其中蕴含无穷的创造力。正如苏菲派大师哈兹拉特·伊纳亚特·汗所言："上帝为了了解自己才创造了整个宇宙。种子成为树，是因为它要认知自我，剖析自我。"[2]

对基础意识的一些理解

从基础意识的角度来看，意识的"困难问题"根本算不上什么难题。毕竟意识是所有存在事物的来源与本质，根据定义，宇宙自身以及宇宙所包含的一切，都只是这种意识的载体与呈现，都只是意识对自己所创造出来的事物的一种意识体验。

那么，"意识的载体与呈现"到底是什么？其实，你头脑中的想法就是意识的载体与呈现。这个世界给你带来的思想体验、感官体验，都是一种意识体验。梦既是做梦者的思想的一种载体与呈现，也是做梦者的思想的一种体验。

同样，时空、量子世界也是大写意识的一种体验。标准模型中的基本粒子，以及场论中的各个场，也是大写意识的一种体验。说到这里大家应该明白了，原子与分子、岩石与玫瑰、蚁群和鸟群、经济系统和生态系统、太阳和行星、星系和大尺度的宇宙结构，甚至是暗物质和暗能量，都只是大写意识的一种体验。

你我亦是如此。虽说"我们皆为星尘"这句话没什么错，但在更早之前，我们只是纯粹的意识。

解决了意识的"困难问题"之后，现在又出现了两个新的"困难问题"。第一，人类大脑如何将大写意识转换为个人思想体验？转换过程中的量子机制、分子机制、细胞机制分别是什么？正如梅纳斯·卡法托斯和我认为的那样："'意识相关神经区'并不是大脑如何创造意识的线索，而是大脑如何转换意识的线索。"[3]

第二个"困难问题"是，虽然大脑可以将大写意识转换为小写意识，但别忘了大脑自身也存在于大写意识之中，它也是由大写意识构成的。这就好比一个本身就是由无线电波构成的收音机一样。突然，我们发现自己就像哥德尔证明和图灵机一样，也处于一个《爱丽丝梦游仙境》般的自指结构当中。我觉得这并不仅仅是巧合。

纵观所有观察尺度我们可以发现，这些循环特性来自一个稳定持久的标准流程：分化（在基础意识之内），形成（量子泡沫／量子真空），自组织（在量子之上的所有尺度当中），所有事物的存在，都来自这一标准流程。随着流程的推进，互补性也逐渐显现出来。由此看来，流动①、互补、循环似乎构成了一个三位一体的、全宇宙适用的"普遍规律"。换句话说，它们就是大写意识演化出事物存在的根本方式，世界上的每一个元素，都可以通过彼此平行的、上上下下的旋梯连接在一起。

虽然这些观点只是一种直觉上的认知，但它们为我们的思想打下了坚实的基础，让我们今后有机会把基础意识理论拓展为一个精确的数学理论。⁴目前，科学和宗教正在相互借鉴一些思想，基础意识理论今后或许真的能够得到长足发展。

---

① 梅纳斯·卡法托斯和我有时也会将其称为"历程"（process），而非"流动"（flow），以便和阿尔弗雷德·诺思·怀特海的历程哲学相一致。详情见下文。

更多猜想

这里我们不妨将其称为基础意识的"融合模型",毕竟该模型将目前已有的三种知识来源,即科学、哲学、形而上学,全部整合在了一起。它比其他大多数的意识模型和存在性模型都更具包容性。这种包容性非常有利于各种交叉学科的形成、发展,最终这些理论或许能够涌现一个巨大的惊喜。

单从科学的角度来看,该模型将20世纪最重要的3个科学理论,即量子力学、相对论、复杂性理论整合在了一起,所以它兼容哥本哈根诠释,也没有回避量子力学所面临的意识问题。它完全涵盖了物理、化学、生物等各种科学领域中、各种观察尺度下、各种全阶序结构中、各种"事物"背后的各种自组织行为。

该理论可以指引我们从怪异的量子尺度一路走到日常生活的经典尺度。它还预示着,虽然各种程序算法可以让计算机产生人工智能,但不能让计算机产生真正的意识,因为意识绝非复杂算法的一种涌现属性。想要造出"真正的"人工智能,我们就得把计算机变成像大脑一样的意识转换器,然而这一问题似乎已经超出了算法的能力范围(但有可能没超出未来工程师的能力范围）。①

　　或许，人工智能的答案隐藏在那些充满争议的科学领域当中，比如超心理学——灵魂出窍、预见未来、隔空视物、濒死体验等，或许也值得我们研究一下。有朝一日，这类研究或许能够带来全新的观点。正如前文所见，某些健康理念和治疗理念甚至可以跨越文化障碍，显现出大量共同点，针灸、能量治疗、阿育吠陀疗法就是很好的例子。这是不是能说明些什么呢？科学家和医生眼中的这些"旁门左道"其实并不会威胁到科学的一致性，反而有可能为我们打开一扇新的大门，帮助我们进一步开发人类的潜能。

　　可以确定的是，这个融合模型和柏拉图创立的、由斯宾诺莎与康德等人发展起来的唯心主义哲学吻合得很好。20世纪，阿尔弗雷德·诺思·怀特海创立了"过程哲学"。这种哲学观点认为，表象宇宙只是源宇宙的一种模糊体验，后者是非物质的，是一切的基础，其中只有过程、互动、关系。这些哲学家的观点，与玻尔、海森伯、普朗克等物理学家的观点，以及哥德尔、冯·诺依曼、图灵等数学家、逻辑学家的观点，其实是一致的。

---

① 如果未来的工程学可以制造出真正的人工智能，那画面可能是这个样子的：为了让机器产生真正的意识，工程师们需要引入某种淬致无序机制，以免它变成一台只会机械重复的、完全靠算法来驱动的机器。我们的意识其实来自一系列量子事件，这一点很容易被人们忽视。如果量子计算能够让信息比特从"0或1"的单一状态，变成"0和1"同时存在的状态，那它或许真的能够充当基础意识的转换器。不过从目前的人工智能发展情况来看，我认为这是无法实现的。

尽管来自感官的直接体验会让我们觉得日常世界真实确切，且独立于我们个体而存在，尽管爱因斯坦也坚信这一点，尽管实证科学把这种观点变成了一种"常识"，但这仍旧是错误的——"所有物质独立于彼此而存在"只是一种错觉。"部分"没有也不可能和"整体"分离开来。宇宙并非冰冷无情、死气沉沉，我们每个个体也并非微不足道、孑然一身。在神经发育、后天直觉、教学训练的影响下，我们早已忘记离开子宫之前那种万物合一、纯真却不幼稚的感觉，摇摇晃晃地走进了看似独立的个体生活。

　　可是没关系。遗忘的东西可以重新学习，失去的东西可以重新找到。不管我们产生了怎样的误解，我们都有可能在下一个瞬间觉醒过来，再一次唤起那份最真实的本性。

后记

21 世纪是一个日新月异的时代，也是一个危机重重的时代，更是一个让盖亚感到躁动不安的时代。国际时局剑拔弩张，经济体系危如累卵，新冠肺炎疫情肆虐人间。面对前方的未知与风险，我之所以能够保持冷静，甚至心怀希望，很大程度上要归功于复杂性理论给我带来的思考与认知。

混沌边缘的生命，本就该如此。

没错，前方等着我们的，或许是人类的彻底灭绝。可另一方面，前方也有可能是一个全新的世界、一个全新的生存方式。不断扩散的"邻近可能性"当中，本就充满了毁灭与创造。站在更高的角度去看待这件事之后，我的呼吸开始平稳，心跳逐渐变慢，就像冥想时的状态一样。我摆脱了悲观主义所带来的惊疑恐慌，迎来了一种坚定的信念——无论发生了什么，从整体的角度来说，世界都是活着的，都是有意识的，它只是在做它正在做的事情，这些事情无关好坏，也无关生死。虽然我也会害怕痛苦，害怕失去，但我会不断地提醒自己，从互补性的角度来说，这些表象之上还有一个无上的真理，二者都是切实存在的。虽然这种想法不能治愈痛苦，但它的确能慰藉心灵。

复杂性理论激励我积极参与世界活动，而不是裹足不前、漠不关心。我做的事情不一定很伟大，毕竟所有影响都是局部的，但谁也不知道蝴蝶效应到底能产生多大的影响。我们唯一要记住的，就是每个人、每时每刻所做的事情——积极社交、增强动态平衡的反馈回路、勇敢反抗自上而下的统治（尽管它只是一种假象）、坚信万物无常——都有可能让生命产生"适应性变化"，都有可能让随机性朝着有利生命的方向发展。不管眼前多么黑暗，下一刻都有可能出现转机，出现一种能够拯救生命的适应性变化，这种变化很有可能是你直接或间接促成的。

复杂性理论也一直在引导我通过冥想直接体验真理。刚开始练习冥想的时候，我的目的性很强，我冥想就是为了"得到一些东西"——一种转换的意识、一种思想的启发、一种完全超越日常体验、超越自我极限的东西。但我现在明白了——当然，你也明白了——我们所追寻的其实并不是超越自我的东西，而是某种亲切的、内在的、心灵深处的东西。

我们会发现，不管一个人多么聪明，他都很难仅凭事实证据和科学理论就完整理解真理，哪怕他是像爱因斯坦、海森伯、哥德尔一样的绝世天才。但事实证据和科学理论也是必不可少的，因为它们能赋予我们信心，让我们明白所见所闻、所感所悟皆非空想。你既是一具躯体，也是一堆分子、一堆原子、一堆量子实体，你既是量子泡沫，也是真空区域中的能量涌动，不过归根结底，每一个普朗克时间中、每一个普朗克长度中的万事万物，包括你在内，都是基础意识的涌现结果。躯体和思想，心脏和灵魂，都是意识转换成的现实。我们所追寻的东西，从来都不是远在天边的、遥不可及的，它就在这一刻中，它就在我们的体内。正如前文所述，最先进的科学、最智慧的哲学，都能证实这种认知的准确性和真实性。

复杂性唤起了我们的好奇心，复杂性促使我们成为万物的一部分。复杂性使我们谦卑，让我们明白人类只是巨大整体中的微小组成部分。复杂性也让我们变得举足轻重——任何一个微小的举措或言辞，都有可能改变"邻近可能性"的方向，进而改变整个世界。

复杂性令我们感到慰藉，并让我们清楚地明白，不管多么孤独，不管多么疏远，每时每刻的每一个人，都只是整体生命的一种表现方式，都只是意识宇宙的一种存在形式。世上不存在任何割裂，不存在任何孤立，一切都是纯粹的、真实的、完整的，正如你我一样。

注释

第二章

1. Benoit B. Mandelbrot, *Les objets fractals: Forme, hasard et dimension* (Paris: Flammarion, 1975).

2. M. Mitchell Waldrop, *Complexity: The Emerging Science at the Edge of Order and Chaos* (New York: Simon & Schuster, 1992), 202.

3. Waldrop, *Complexity*, 203.

4. Martin Gardner, "The Fantastic Combinations of John Conway's New Solitaire Game 'Life,'" Mathematical Games, *Scientific American* 223, no. 10 (October 1970): 120–3, http://dx.doi.org/10.1038/ scientificamerican 1070-120.

5. Waldrop, *Complexity*, 208.

6. Waldrop, *Complexity*, 203.

7. Waldrop, *Complexity*, 203.

8. Waldrop, *Complexity*, 213.

9. Christopher G. Langton, "Studying Artificial Life with Cellular Automata," *Physica D: Nonlinear Phenomena* 22, no. 1–3 (October–November 1986): 120, https://doi.org/10.1016/0167-2789(86)90237-X.

10. Stephen Wolfram, *A New Kind of Science* (Champaign, Illinois: Wolfram Media, 2002).

11. Roger Lewin, *Complexity: Life at the Edge of Chaos* (New York: Macmillan, 1992), 51.

12. Langton, "Studying Artificial Life," 129.

13. Norman H. Packard, "Adaptation toward the Edge of Chaos," in *Dynamic Patterns in Complex Systems*, ed. J. A. S. Kelso, A. J. Mandell, and M. F. Shlesinger (Singapore: World Scientific, 1988), 293–301.

14. Lewin, *Complexity*, 139.

15. Stuart A. Kauffman, *The Origins of Order: Self-Organization and Selection in Evolution* (New York: Oxford University Press, 1993).

16. Stuart A. Kauffman, *At Home in the Universe: The Search for Laws of Self-Organization and Complexity* (New York: Oxford University Press, 1995).

17. Kauffman, *At Home in the Universe*.

第三章

1. Mark d'Inverno, Neil D. Theise, and Jane Prophet, "Mathematical Modeling of Stem Cells: A Complexity Primer for the Stem-Cell Biologist," in *Tissue Stem Cells*, 2nd ed., ed. Christopher S. Potten et al. (New York: Taylor and Francis, 2006), 1–15.

2. Stuart A. Kauffman, *At Home in the Universe: The Search for Laws of Self-Organization and Complexity* (New York: Oxford University Press, 1995).

第四章

1. Niels Bohr, "Causality and Complementarity," *Philosophy of Science* 4, no. 3 (July 1937): 296, https://doi.org/10.1086/286465.

2. Dill-McFarland, K.A., Tang, ZZ., Kemis, J.H. *et al.* Close social relationships correlate with human gut microbiota composition. *Sci Rep* 9, 703 (2019).

3. Brito, I.L., Gurry, T., Zhao, S. *et al.* Transmission of human-associated microbiota along family and social networks. *Nat Microbiol* 4, 964–971 (2019).

4. Song SJ, Lauber C, Costello EK, Lozupone CA, Humphrey G, Berg-Lyons D, Caporaso JG, Knights D, Clemente JC, Nakielny S, Gordon JI, Fierer N, Knight R. Cohabiting family members share microbiota with one another and with their dogs. Elife. 2013 Apr 16;2:e00458.

第五章

1. Neil D. Theise, "Now You See It, Now You Don't," *Nature* 435, no. 7046 (June 2005): 1165, https://doi.org/10.1038/4351165a.

2. George K. Michalopoulos, Markus Grompe, and Neil D. Theise, "Assessing the Potential of Induced Liver Regeneration," *Nature Medicine* 19, no. 9 (September 2013): 1096–97, https://doi.org/10.1038/nm.3325.

第六章

1. James E. Lovelock, "Gaia as Seen through the Atmosphere," *Atmospheric Environment* 6, no. 8 (August 1972): 579–80, https://doi.org/10.1016/000 4-6981(72)90076-5.

第七章

1. Albert Einstein to Max Born, December 4, 1926, in *The Born-Einstein Letters 1916–1955: Friendship, Politics, and Physics in Uncertain Times*, ed. Max Born, trans. Irene Born (New York: Macmillan, 1971), 88.

2. Albert Einstein to Max Born, March 3, 1947, in *The Born-Einstein Letters 1916–1955: Friendship, Politics, and Physics in Uncertain Times*, ed. Max Born, trans. Irene Born (New York: Macmillan, 1971), 155.

3. Richard Feynman, *The Character of Physical Law* (Cambridge, Massachusetts: MIT Press, 1965), 129.

4. Erwin Schrödinger to Albert Einstein, August 19, 1935, quoted in Arthur Fine, *The Shaky Game: Einstein, Realism, and the Quantum Theory*, 2nd ed. (Chicago: University of Chicago Press, 1986), 82.

第八章

1. John Archibald Wheeler, "Geons," Physical Review 97, no. 2 (January 1955): 511–36, https://doi.org/10.1103/PhysRev.97.511.

2. Richard Feynman, talk given at the University of Southern California, December 6, 1983, quoted in Timothy Ferris, *The Whole Shebang: A State-of-the-Universe(s) Report* (New York: Simon & Schuster, 1997), 97.

第九章

1. Neil D. Theise and Menas C. Kafatos, "Sentience Everywhere: Complexity Theory, Panpsychism and the Role of Sentience in Self-Organization of the Universe," *Journal of Consciousness Exploration and Research* 4, no. 4 (April 2013): 378–390.

2. Werner Heisenberg, *Das Naturgesetz und die Struktur der Materie* (1967), as translated in *Natural Law and the Structure of Matter* (London: Rebel Press, 1970), 34.

第十一章

1. Stephen Budiansky, *Journey to the Edge of Reason: The Life of Kurt Gödel* (New York: W. W. Norton, 2021), 47.

2. Budiansky, *Journey to the Edge*, 47.

3. Budiansky, *Journey to the Edge*, 47.

4. Budiansky, *Journey to the Edge*, 60.

5. James Gleick, *The Information: A History, a Theory, a Flood* (New York: Pantheon, 2011), 184.

6. Rudy Rucker, *Infinity and the Mind: The Science and Philosophy of the Infinite*, rev. ed. (Boston: Birkhäuser, 1982; Princeton: Princeton University Press, 1995), 169. Citation refers to the Princeton edition.

7. Kurt Gödel, "What Is Cantor's Continuum Problem?," in *Collected Works*, ed. Solomon Feferman et al., vol. 2, *Publications 1938–1974* (New York: Oxford University Press, 1990), 268.

8. Marcel Natkin to Kurt Gödel, June 27, 1931, quoted in Budiansky, *Journey to the Edge*, 131.

9. John von Neumann to Kurt Gödel, November 20, 1930, quoted in Budiansky, *Journey to the Edge*, 132.

10. John von Neumann, "Statement in Connection with the First Presentation of the Albert Einstein Award to Dr. K. Godel, March 14, 1951," Albert Einstein Faculty File, Institute for Advanced Study, https://hdl.handle.net/20.500.12111/2890.

11. Kurt Gödel to Ernest Nagel, March 14, 1957, quoted in Gleick, *The Information*, 207.

12. Oskar Morgenstern to Bruno Kreisky, October 25, 1965, quoted in Rebecca Goldstein, *Incompleteness: The Proof and Paradox of Kurt Gödel* (New York: W. W. Norton, 2005), 33.

13. Oskar Morgenstern, diary, Oskar Morgenstern Papers, David M. Rubenstein Rare Book and Manuscript Library, Duke University, quoted in Budiansky, *Journey to the Edge*, 218.

14. Freeman Dyson, *From Eros to Gaia* (New York: Pantheon, 1992), p.

15. Kurt Gödel to Carl Seelig, September 7, 1955, quoted in Budiansky, *Journey to the Edge*, 217.

16. Kurt Gödel to his mother, October 20, 1963, quoted in Goldstein, *Incompleteness*, 192.

17. Kurt Gödel to his mother, September 12, 1961, quoted in Budiansky, *Journey to the Edge*, 268.

第十二章

1. Paul Tillich, *Systematic Theology*, 3 vols. (Chicago: University of Chicago Press, 1951).

2. Hazrat Inayat Kahn, Supplementary Papers, "Class for Mureeds 7," Hazrat Inayat Khan Study Database, https://www.hazrat-inayat-khan.org/php/views.php?h1=46&h2=47&h3=3.

3. Neil D. Theise and Menas C. Kafatos, "Fundamental Awareness: A Framework for Integrating Science, Philosophy and Metaphysics," *Communicative and Integrative Biology* 9, no. 3 (May 2016): e1155010. https://doi.org/10.1080/19420889.2016.1155010.

4. Theise and Kafatos, "Fundamental Awareness," e1155010.

参考文献

Ayer, A. J. *Language, Truth and Logic*. London: Penguin Classics, 2001. First published in 1936 by Victor Gollancz (London).

Brockman, John. *The Third Culture: Beyond the Scientific Revolution*. New York: Touchstone, 1995.

Budiansky, Stephen. *Journey to the Edge of Reason: The Life of Kurt Gödel*. New York: W. W. Norton, 2021.

Bushell, William C., Erin L. Olivo, and Neil D. Theise, eds. "Longevity, Regeneration, and Optimal Health: Integrating Eastern and Western Perspectives." *Annals of the New York Academy of Sciences* 1172, no. 1 (August 2009).

Edmonds, David. *The Murder of Professor Schlick: The Rise and Fall of the Vienna Circle*. Princeton: Princeton University Press, 2020.

Einstein, Albert (1949), "Autobiographical Notes," pp. 2–95 in, P. A. Schilpp, ed., Albert Einstein-Philosopher Scientist. 2nd ed. New York: Tudor Publishing, 1951, pp. 671–72. Reprinted with a correction as Autobiographical Notes. La Salle and Chicago: Open court, 1979.

Feynman, Richard. *The Character of Physical Law*. Cambridge, Massachusetts: MIT Press, 1965.

Gleick, James. *Chaos: Making a New Science*. New York: Penguin, 1988.

———. *The Information: A History, a Theory, a Flood*. New York: Pantheon, 2011.

Goldstein, Rebecca. *Incompleteness: The Proof and Paradox of Kurt Gödel*. New York: W. W. Norton, 2005.

Greene, Brian. *The Elegant Universe: Superstrings, Hidden Dimensions, and the Quest for the Ultimate Theory*. New York: Vintage, 2000.

Heisenberg, Werner. *Natural Law and the Structure of Matter*. London: Rebel Press, 1970. Originally published as *Das Naturgesetz und die Struktur der Materie* (Stuttgart: Belser-Presse, 1967).

Hofstadter, Douglas R. *Gödel, Escher, Bach: An Eternal Golden Braid*. New York: Basic Books, 1999.

Holt, Jim. *When Einstein Walked with Gödel: Excursions to the Edge of Thought*. New York: Farrar, Straus and Giroux, 2018.

Johnson, Steven. *Emergence: The Connected Lives of Ants, Brains, Cities, and Software*. New York: Scribner, 2001.

Kauffman, Stuart A. *At Home in the Universe: The Search for Laws of Self-Organization and Complexity*. New York: Oxford University Press, 1995.

Lewin, Roger.

Complexity: Life at the Edge of Chaos. New York: Macmillan, 1992. Penrose, Roger. *Shadows of the Mind: A Search for the Missing Science of Consciousness*. Oxford, UK: Oxford University Press, 1994.

Rovelli, Carlo. *Seven Brief Lessons on Physics*. Translated by Simon Carnell and Erica Segre. New York: Riverhead, 2016.

Sigmund, Karl. *Exact Thinking in Demented Times: The Vienna Circle and the*

Epic Quest for the Foundations of Science. New York: Basic Books, 2017.

Waldrop, M. Mitchell. *Complexity: The Emerging Science at the Edge of Order and Chaos.* New York: Simon & Schuster, 1992.

Wolfram, Stephen. *A New Kind of Science.* Champaign, Illinois: Wolfram Media, 2002.

延伸阅读

　　和本书内容相关的拓展读物实在太多，我只能从中挑出一些我认为最值得一读的列在下方。其中有些是我朋友写的，但严格来讲，每一位作者都是我的老师，因为每个作品都令我受益匪浅。虽然这些书中有几本专业性较强，但大多数都是通俗易懂的大众读物。

复杂性系统、生物学

Kauffman, Stuart A. *A World beyond Physics: The Emergence and Evolution of Life*. New York: Oxford University Press, 2019.

Oyama, Susan. *The Ontogeny of Information: Developmental Systems and Evolution*. 2nd ed. Durham, North Carolina: Duke University Press, 2000. First published in 1985 by Cambridge University Press (Cambridge, UK).

复杂性对社会、文化的影响

Kauffman, Stuart A. *Humanity in a Creative Universe*. New York: Oxford University Press, 2016.

———. *Reinventing the Sacred: A New View of Science, Reason, and Religion*. New York: Basic Books, 2008.

Redekop, Vern Neufeld, and Gloria Neufeld Redekop, eds. *Awakening: Exploring Spirituality, Emergent Creativity, and Reconciliation*. Lanham, Maryland: Lexington Books, 2020.

Redekop, Vern Neufeld, and Gloria Neufeld Redekop, eds. *Transforming: Applying Spirituality, Emergent Creativity, and Reconciliation*. Lanham, Maryland: Lexington Books, 2021.

物理学、哥德尔

Gamow, George. *Thirty Years That Shook Physics: The Story of Quantum Theory*. Garden City, New York: Doubleday, 1966.

Isaacson, Walter. *Einstein: His Life and Universe*. New York: Simon & Schuster, 2007.

Nagel, Ernest, and James R. Newman. *Gödel's Proof*. Rev. ed. New York: New York University Press, 2001. First published in 1958.

唯物主义、泛心论、唯心主义对意识的看法

Chopra, Deepak, and Menas C. Kafatos. *You Are the Universe: Discovering Your Cosmic Self and Why It Matters*. New York: Harmony Books, 2017.

Kafatos, Menas C., and Robert Nadeau. *The Conscious Universe: Parts and Wholes in Physical Reality*. New York: Springer, 2000.

Kastrup, Bernardo. *The Idea of the World: A Multi-disciplinary Argument for the Mental Nature of Reality*. Winchester, UK: Iff Books, 2019.

———. *Why Materialism Is Baloney: How True Skeptics Know There Is No Death and Fathom Answers to Life, the Universe, and Everything*.

Winchester, UK: Iff Books, 2014.

Koch, Christof. *The Feeling of Life Itself: Why Consciousness Is Widespread but Can't Be Computed*. Cambridge, Massachusetts: MIT Press, 2019.

Maturana, Humberto R., and Francisco J. Varela. *Autopoiesis and Cognition: The Realization of the Living*. Dordrecht, Holland: D. Riedel Publishing Company, 1980.

Nadeau, Robert, and Menas C. Kafatos. *The Non-local Universe: The New Physics and Matters of the Mind*. New York: Oxford University Press, 1999.

Stapp, Henry P. *Mindful Universe: Quantum Mechanics and the Participating Observer*. 2nd ed. New York: Springer, 2011. First published in 2007.

神秘主义、宗教信仰

Kafatos, Menas, and Thalia Kafatou. *Looking In, Seeing Out: Consciousness and Cosmos*. Wheaton, Illinois: Quest Books, 1991.

Kapleau, Philip. *The Three Pillars of Zen: Teaching, Practice, and Enlightenment*. New York: Anchor Books, 2000. First published in 1965 by John Weatherhill (New York).

Matt, Daniel C. *The Essential Kabbalah: The Heart of Jewish Mysticism*. New York: HarperCollins, 1995.

O'Hara, Pat Enkyo. *A Little Bit of Zen: An Introduction to Zen Buddhism*. New York: Sterling Ethos, 2020.

O'Hara, Pat Enkyo. *Most Intimate: A Zen Approach to Life's Challenges*. Boston: Shambhala, 2014.

Scholem, Gershom. *Kabbalah*. New York: Penguin, 1978. First published in 1974 by Keter (Jerusalem).

Scholem, Gershom. *Major Trends in Jewish Mysticism*. New York: Schocken Books, 1974. First published in 1941 by Schocken (Jerusalem).

以下是我之前发表过的、和本书主题相关的一些论文（大部分已经通过同行评审）和文章。

Theise, Neil D., and Diane S. Krause. "Suggestions for a New Paradigm of Cell Differentiative Potential." *Blood Cells, Molecules, and Diseases* 27, no. 3 (May 2001): 625–31. https://doi.org/10.1006/bcmd.2001.0425.

Theise, Neil D. "Science as Koan." *Tricycle: The Buddhist Review* 12, no. 3 (Spring 2003): 81.

Theise, Neil D., and Ian Wilmut. "Cell Plasticity: Flexible Arrangement." *Nature* 425, no. 6953 (September 2003): 21. https://doi.org/10.1038/425021a.

Theise, Neil D. "Perspective: Stem Cells React! Cell Lineages as Complex Adaptive Systems." *Experimental Hematology* 32, no. 1 (January 2004): 25–27. https://doi.org/10.1016/j.exphem.2003.10.012.

Theise, Neil D. "Now You See It, Now You Don't." *Nature* 435, no. 7046 (May 2005): 1165. https://doi.org/10.1038/4351165a.

d'Inverno, Mark, Neil D. Theise, and Jane Prophet. "Mathematical Modeling of Stem Cells: A Complexity Primer for the Stem-Cell Biologist." In *Tissue Stem Cells*, 2nd ed., edited by Christopher S. Potten, Robert B. Clarke, James Wilson, and Andrew G. Renehan, 1–15. New York: Taylor and Francis, 2006.

Theise, Neil D. "Implications of 'Postmodern Biology' for Pathology: The Cell Doctrine." *Laboratory Investigation* 86, no. 4 (February 2006): 335–44. https://doi.org/10.1038/labinvest.3700401.

Theise, Neil D. "From the Bottom Up: Complexity, Emergence, and Buddhist Metaphysics." *Tricycle: The Buddhist Review* 15, no. 4 (Summer 2006): 24–26.

Bushell, William C., Erin L. Olivo, and Neil D. Theise, eds. "Longevity, Regeneration, and Optimal Health: Integrating Eastern and Western Perspectives." *Annals of the New York Academy of Sciences* 1172, no. 1 (August 2009).

Theise, Neil D. "Beyond Cell Doctrine: Complexity Theory Informs Alternate Models of the Body for Cross-Cultural Dialogue." *Annals of the New York Academy of Sciences* 1172, no. 1 (August 2009): 263–69. https://doi.or g/10.1111/j.1749-6632.2009.04410.x.

Bushell, William C., and Neil D. Theise. "Toward a Unified Field of Study: Longevity, Regeneration, and Protection of Health through Meditation and Related Practices." *Annals of the New York Academy of Sciences* 1172, no. 1 (August 2009): 5–19. https://doi.org/10.1111/j.1749-6632.2009.04959.x.

Kuntsevich, Viktoriya, William C. Bushell, and Neil D. Theise. "Mechanisms of Yogic Practices in Health, Aging, and Disease." *Mount Sinai Journal of Medicine: A Journal of Translational and Personalized Medicine* 77, no. 5 (September/October 2010): 559–69. https://doi.org/10.1002/msj.20214.

Theise, Neil D., and Menas C. Kafatos. "Sentience Everywhere: Complexity Theory, Panpsychism and the Role of Sentience in Self-Organization of the Universe." *Journal of Consciousness Exploration and Research* 4, no. 4 (April 2013): 378–390.

Theise, Neil D., and Menas C. Kafatos. "Complementarity in Biological Systems: A Complexity View." *Complexity* 18, no. 6 (July/August 2013): 11–20. https://doi.org/10.1002/cplx.21453.

Michalopoulos, George K., Markus Grompe, and Neil D. Theise. "Assessing the Potential of Induced Liver Regeneration." *Nature Medicine* 19, no. 9 (September 2013): 1096–97. https://doi.org/10.1038/nm.3325.

Kafatos, Menas C., Gaétan Chevalier, Deepak Chopra, John Hubacher, Subhash Kak, and Neil D. Theise. "Biofield Science: Current Physics Perspectives." *Global Advances in Health and Medicine* 4, no. 1_suppl (January 2015): 25–34. https://doi.org/10.7453/gahmj.2015.011.suppl.

Theise, Neil D., and Menas C. Kafatos. "Fundamental Awareness: A Framework for Integrating Science, Philosophy and Metaphysics." *Communicative and Integrative Biology* 9, no. 3 (2016): e1155010. https://doi.org/10.108

0/19420889.2016.1155010.

Theise, Neil D. "Fundamental Awareness: The Universe Twiddling Its Thumbs." In *On the Mystery of Being: Contemporary Insights on the Convergence of Science and Spirituality*, edited by Zaya Benazzo and Maurizio Benazzo, 86–90. Oakland, California: Non-Duality Press, 2019.

Theise, Neil D. "Microscopes and Mystics: A Response to Stuart Kauffman's Call to 'Re-enchantment.'" In *Awakening: Exploring Spirituality, Emergent Creativity, and Reconciliation*, edited by Vern Neufeld Redekop and Gloria Neufeld Redekop, 49–64. Lanham, Maryland: Lexington Books, 2020.

Theise, Neil D., with Catherine Twinn, Gloria Neufeld Redekop, and Lissane Yoannes. "Harnessing Principles of Complex Systems for Understanding and Modulating Social Structures." In *Transforming: Applying Spirituality, Emergent Creativity, and Reconciliation,* edited by Vern Neufeld Redekop and Gloria Neufeld Redekop, 377–94. Lanham, Maryland: Lexington Books, 2021.

Theise, Neil D. "Complexity Theory and Quantum-Like Qualities in Biology." In *Quantum and Consciousness Revisited*, edited by Menas C. Kafatos, Debashish Banerji, and Daniele S. Struppa. New Delhi, India: DK, forthcoming.

Theise, Neil D., Goro Cato, and Menas C. Kafatos. "Gödel's Incompleteness Theorems, Complementarity, and Fundamental Awareness." In *Quantum and Consciousness Revisited*, edited by Menas C. Kafatos, Debashish Banerji, and Daniele S. Struppa. New Delhi, India: DK, forthcoming.

本书的问世离不开《细胞》团队的帮助与合作，这些人分别是：策展人彼德·赖德、艺术家简·普罗菲特、数学家马克·丁韦尔诺、计算机科学家罗布·桑德斯。下面列出的是我们团队完成的、和团队相关的一些作品。

Prophet, Jane, and Mark d'Inverno. "Creative Conflict in Interdisciplinary Collaboration: Interpretation, Scale and Emergence." *Interaction: Systems, Theory and Practice.* Creativity and Cognition Studios (2004): 251–70.

d'Inverno, Mark, and Jane Prophet. "Modelling, Simulation and Visualisation of Stem Cell Behaviour" (2005).

d'Inverno, Mark, and Rob Saunders. "Agent-Based Modelling of Stem Cell Self-Organization in a Niche." In *Engineering Self-Organizing Systems*, edited by Sven A. Brueckner, Giovanna Di Marzo Serugendo, Anthony Karageorgos, and Radhika Nagpal, 52–68. Berlin: Springer-Verlag, 2005.

d'Inverno, Mark, Neil D. Theise, and Jane Prophet. "Mathematical Modeling of Stem Cells: A Complexity Primer for the Stem Cell Biologist." In *Tissue Stem Cells*, 2nd ed., edited by Christopher S. Potten, Robert B. Clarke, James Wilson, and Andrew G. Renehan, 1–15. New York: Taylor and Francis, 2006.

Prophet, Jane, and Mark d'Inverno. "Transdisciplinary Collaboration in 'CELL.'" In *Aesthetic Computing*, edited by Paul A. Fishwick, 186–96. Cambridge, Massachusetts: MIT Press, 2006.

d'Inverno, Mark, and Jane Prophet. "Multidisciplinary Investigation into Adult Stem Cell Behaviour." In *Transactions on Computational Systems Biology III*, edited by Corrado Priami, Emanuela Merelli, Pedro Pablo Gonzalez, and Andrea Omicini, 49–64. Berlin: Springer-Verlag, 2005.

Bird, Jon, Mark d'inverno, and Jane Prophet. "Net Work: An Interactive Artwork Designed Using an Interdisciplinary Performative Approach." *Digital Creativity* 18, no. 1 (2007): 11–23. https://doi.org/10.1080/14626260701252368.

d'Inverno, Mark, Paul Howells, Sara Montagna, Ingo Roeder, and Rob Saunders. "Agent-Based Modeling of Stem Cells." In *Multi-Agent Systems: Simulation and Applications*, edited by Adelinde M. Uhrmacher and Danny Weyns, 389–418. Boca Raton, Florida: CRC Press, 2009.

Prophet, Jane. "Model Ideas: From Stem Cell Simulation to Floating Art Work." *Leonardo* 44, no. 3 (June 2011): 262–63. https://doi.org/10.1162/LEON_a_00177.

d'Inverno, Mark, and Jane Prophet. "Designing Physical Artefacts from Computational Simulations and Building Computational Simulations of Physical Systems." In *Designing for the 21st Century: Interdisciplinary Questions and Insights*, edited by Tom Inns, 166–76. New York: Routledge, 2016. First published in 2007 by Gower Publishing (Aldershot, UK).